DK 620.193.44:648.235.001.5

FORSCHUNGSBERICHTE
DES LANDES NORDRHEIN-WESTFALEN

Herausgegeben durch das Kultusministerium

Nr. 722

Dr.-Ing. Oswald Viertel
Eva Malz

Wäschereiforschung e.V., Krefeld

Mechanische Wäschebeanspruchung und Waschwirkung in Rührwerkmaschinen

Als Manuskript gedruckt

WESTDEUTSCHER VERLAG / KÖLN UND OPLADEN

1959

ISBN 978-3-663-03721-7   ISBN 978-3-663-04910-4 (eBook)
DOI 10.1007/978-3-663-04910-4

Gliederung

I. Vorwort und Aufgabenstellung .... S. 5

II. Beschreibung der Versuchsmaschine .... S. 5

III. Untersuchungsmethoden .... S. 6
    1. Bestimmung der Wäschebanspruchung .... S. 6
    2. Bestimmung der Waschwirkung .... S. 7

IV. Ergebnisse der Untersuchungen .... S. 6
    Versuchsreihe A .... S. 8
    1. Untersuchung der Wäschebeanspruchung in Abhängigkeit
       von der Umfangsgeschwindigkeit .... S. 8
    2. Untersuchung der Waschwirkung in Abhängigkeit von
       der Umfangsgeschwindigkeit .... S. 10

    Versuchsreihe B .... S. 12
    1. Untersuchung der Wäschebeanspruchung in Abhängigkeit
       von der Waschzeit .... S. 12
    2. Untersuchung der Waschwirkung in Abhängigkeit
       von der Waschzeit .... S. 18

    Versuchsreihe C .... S. 22
    Untersuchung der Wäschebeanspruchung in Abhängigkeit
    von der Anzahl der Wäschen .... S. 22

    Versuchsreihe D .... S. 24
    1. Untersuchung der mechanischen Wäschebeanspruchung
       in Abhängigkeit vom Flottenverhältnis .... S. 24
    2. Untersuchung der Waschwirkung in Abhängigkeit
       vom Flottenverhältnis .... S. 34

    Versuchsreihe E .... S. 40
    1. Untersuchung der mechanischen Wäschebeanspruchung in
       Abhängigkeit vom Füllgewicht .... S. 40
    2. Untersuchung der Waschwirkung in Abhängigkeit
       vom Füllgewicht .... S. 50

V. Zusammenfassung .... S. 55

Literaturverzeichnis .... S. 59

I. Vorwort und Aufgabenstellung

Beim Waschen der Wäsche ist es unvermeidlich, daß parallel mit der Reinigung eine mechanische Beanspruchung des Waschgutes einhergeht. Es sollte daher beim Bau einer Waschmaschine darauf geachtet werden, daß die Maschine so konstruiert ist, daß eine bestmöglichste Reinigungswirkung bei weitgehender Faserschonung erzielt wird.

Nachdem in mehreren Arbeiten bereits die Trommelwaschmaschine [1,2] und die Bottichwaschmaschine mit Wellenrad [3] untersucht worden waren, sollte in der vorliegenden Arbeit gezeigt werden, inwieweit die mechanische Beanspruchung des Waschgutes in Bottichwaschmaschinen mit Rührwerk durch die Änderung einiger zum Betrieb der Maschine wichtiger Faktoren wie Umfangsgeschwindigkeit, Waschzeit, Flottenverhältnis und Füllgewicht beeinflußt wird.

Um die gefundenen Ergebnisse praxisnahe auswerten zu können, wurden diejenigen Versuche, bei denen sich eine gute Wäscheschonung ergab, auch auf die Prüfung der Waschwirkung von Schmutzwäsche ausgedehnt.

Weiterhin sollte festgestellt werden, durch welche geeignete Kombination der oben genannten Faktoren ein maximales Waschergebnis bei größtmöglicher Faserschonung zu erreichen ist.

II. Beschreibung der Versuchsmaschine

Die Rührwerkwaschmaschine (s. Abb. 1) gehört zum Typ der Bottichwaschmaschinen. Sie besitzt einen im Waschbottich angebrachten Wäschebeweger. Dieser Beweger trägt an seiner Achse mehrere radial abstehende Bewegungselemente und führt eine pendelnde Drehbewegung aus. Die Bewegungselemente sind Flügel. Die Waschflotte und die in der Waschlösung schwimmende Wäsche werden dadurch ständig in Bewegung gehalten. Zur Erreichung eines guten Wascheffektes sollten der Bottich und der Beweger so geformt sein, daß eine gute vertikale und gleichzeitig horizontale Wäschebewegung zustande kommt.

Als Versuchsmaschine wurde eine kleine Rührwerkwaschmaschine mit einem Fassungsvermögen von 1,5 kg Trockenwäsche bei einem Normalflottenverhältnis von 1 : 20 gewählt, die den oben beschriebenen Bedingungen entsprach.

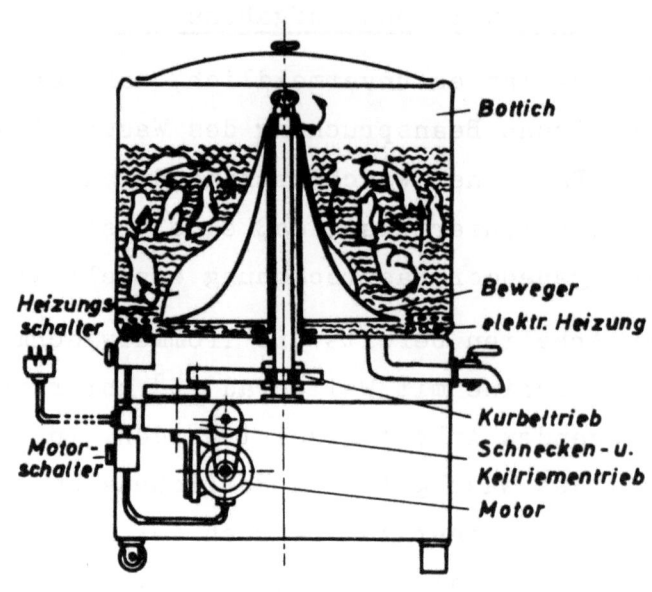

Abbildung 1

Technische Daten der verwendeten Rührwerkwaschmaschinen

<u>Bottichabmessungen</u>

Durchmesser:	465 mm
Höhe:	300 mm
Inhalt:	50 l

<u>Bewegerabmessungen</u>

Durchmesser des Bewegertellers:	300 mm
Höhe:	300 mm
Ausschlagwinkel:	150 °
Form:	s. Abbildung 1

III. Untersuchungsmethoden

1. Bestimmung der Wäschebeanspruchung

Als Versuchswäsche diente ein Baumwollgewebe (Zwirnnessel), aus dem in Anlehnung an die Praxis, Wäschestücke verschiedener Größe (Taschentuch, Handtuch, Kopfkissen, Tischtuch) hergestellt wurden. Um dem in der Praxis vorhandenen durchschnittlichen Zustand der Wäsche nachzukommen, wurde das neue Versuchsgewebe durch ein Bleichverfahren künstlich gealtert.

Als Meßgröße für die Wäschebeanspruchung wurde der Flusenabrieb (g/kg Trockenwäsche) zugrunde gelegt. Die während des Waschganges von dem Gewebe abgeriebene Flusenmenge wurde aufgefangen und unter konstanten Bedingungen getrocknet und gewogen.

Zur Schaffung einheitlicher Verhältnisse innerhalb der einzelnen Versuchsreihen waren die Wäscheposten jeweils aus Wäscheteilen gleicher Stückgröße zusammengestellt worden.

Um Meßfehler möglichst auszuschalten, wurden jeweils 10 Versuche durchgeführt und der Durchschnittswert für den Flusenabrieb ermittelt.

Die beim Waschen auftretende Beanspruchung der Textilien beruht einerseits auf einer chemischen Beanspruchung durch die Verwendung der Wasch- und Bleichmittel, die sich in einem allmählichen Faserabbau und einer Lockerung des Gewebeverbandes auswirkt, und andererseits auf einer mechanischen Beanspruchung, die durch die mechanische Behandlung der Wäsche (Stauchen, Reiben, Scheuern) eintritt.

Um nun die chemische Beanspruchung der Wäsche weitgehendst auszuschalten und eine möglichst genaue Erfassung der mechanischen Wäschebeanspruchung zu gewährleisten, wurde eine Waschlösung verwendet, die den chemischen Einfluß weitgehend ausschaltete. Sie bestand aus enteisentem Weichwasser mit 1 g/l Seifenflocken. Die Temperatur der Waschmittellösung wurde während der Versuche konstant auf 80°C gehalten.

2. Bestimmung der Waschwirkung

Die Bestimmung der Waschwirkung wurde in sämtlichen Versuchsreihen nach dem gleichen Verfahren durchgeführt. Es wurde mit enteisentem Krefelder Leitungswasser (20°dH) unter Verwendung handelsüblicher Waschmittel gearbeitet. Die Waschmittelkonzentration (g/l Waschflotte) blieb während der ganzen Versuche die gleiche.

Die Versuche liefen nach einem in der Praxis häufig für Rührwerkwaschmaschinen angewendeten Verfahren, dem sogenannten Einweich-Koch-Verfahren ab.

Um eine gute Ausnutzung der Waschmittellösung zu erreichen, wurden jeweils 3 Maschinenfüllungen (3 mal 1,5 kg Wäsche) über Nacht im Flottenverhältnis 1:10 mit 5 g/l Einweichmittelzugabe eingeweicht. Das Aufheizen der 3 eingeweichten Wäscheposten erfolgte im Waschkessel ebenfalls im Flottenverhältnis 1 : 10. Die Waschmittelzugabe betrug 10 g/l selbsttätiges Waschmittel auf Seifenbasis. Nach dem Kochen der Wäsche wurde die entsprechende Waschlaugenmenge in die Maschine eingefüllt und die drei Wäscheposten hintereinander in der gleichen Lauge in der Maschine gewaschen. Die Waschzeit richtete sich nach den jeweiligen Versuchsbedingungen. Anschließend erfolgte das Heißspülen der 3 Posten nacheinander in der Maschine bei einer Temperatur von ca. 70°C mit 2 g/l Spülmittelzugabe. Die Spülzeit betrug bei sämtlichen Versuchen 2 min. Das Kaltspülen erfolgte von Hand im Spülbottich bis zum Klarbleiben des Spülwassers.

Die <u>Versuchswäsche</u> bestand aus gemischter Haushaltwäsche. Jedes einzelne Wäscheteil wurde vor und nach dem Waschen mit Hilfe eines besonderen Punktverfahrens nach seinem Verschmutzungs- bzw. Reinheitsgrad visuell abgemustert. Anschließend erfolgte eine Auswertung der Ergebnisse und Bewertung der erreichten Reinigungswirkung in %. Für jeden Versuch wurden ca. 250 Wäschestücke abgemustert und ausgewertet.

IV. Ergebnisse der Untersuchungen

V e r s u c h s r e i h e   A

1. Untersuchung der Wäschebeanspruchung in Abhängigkeit von der Umfangsgeschwindigkeit

Die Umfangsgeschwindigkeit einer Rührwerkwaschmaschine gibt an, wieviel m/sec ein Punkt der äußersten Kante des Bewegerflügels zurücklegt.

Sie errechnet sich aus der Schlagzahl des Bewegers/min, seinem Ausschlagwinkel und seinem Durchmesser nach der Formel:

$$\frac{\pi \cdot d \cdot S \cdot (A \cdot 2)}{60 \cdot 360} = m/sec$$

π = 3,14
d = Durchmesser in mm
S = Schlagzahl/min
A = Ausschlagwinkel°

Zur Erzielung eines guten Wascherfolges in einer Rührwerkwaschmaschine ist eine ausreichend ungleichmäßige horizontale und vertikale Wäschebewegung, die eine ausreichende Reibung der einzelnen Wäscheteile aneinander zur Folge hat, notwendig. Durch ein Steigern bzw. Herabsetzen der Umfangsgeschwindigkeit kann somit die Wäscheumwälzung beschleunigt oder verlangsamt werden, was sich auf den Wascherfolg und die Wäschebeanspruchung auswirken muß.

In der ersten Versuchsreihe wurde die Umfangsgeschwindigkeit von 0,6 m/sec bis auf 1,4 m/sec gesteigert. Sonst wurde unter den für Rührwerkwaschmaschinen üblichen Bedingungen gearbeitet.

Versuchsbedingungen:

Konstante Größen:

Wäschemenge:	1,5 kg Trockenwäsche
Flottenverhältnis:	1 : 20
Waschlaugenmenge:	30 l
Waschzeit:	4 min
Waschzahl:	10
Waschmittel:	1 g/l Seife
Temperatur:	80°C

Variable Größen:

Umfangsgeschwindigkeit:

0,6, 0,8, 1,0, 1,2, 1,4 m/sec

Tabelle 1

Zunahme des Flusenabriebs bei steigender Umfangsgeschwindigkeit

Umfangsgeschwindigkeit m/sec	0,6	0,8	1,0	1,2	1,4
Abrieb g/kg Trockenwäsche	0,025	0,045	0,073	0,125	0,188
Zunahme g/kg Trockenwäsche		0,02	0,028	0,052	0,063

Wie aus Tabelle 1 (s. Abb. 2) ersichtlich, ändert sich der Flusenabrieb bei konstant bleibender Waschzeit funktionell mit der Umfangsgeschwindigkeit in der Weise, daß er oberhalb einer Umfangsgeschwindigkeit von 1,0 m/sec stärker zunimmt als unterhalb dieses Punktes. Aus diesem Grunde wurde bei der Durchführung der weiteren Versuchsreihen eine Umfangsgeschwindigkeit von 1,0 m/sec gewählt.

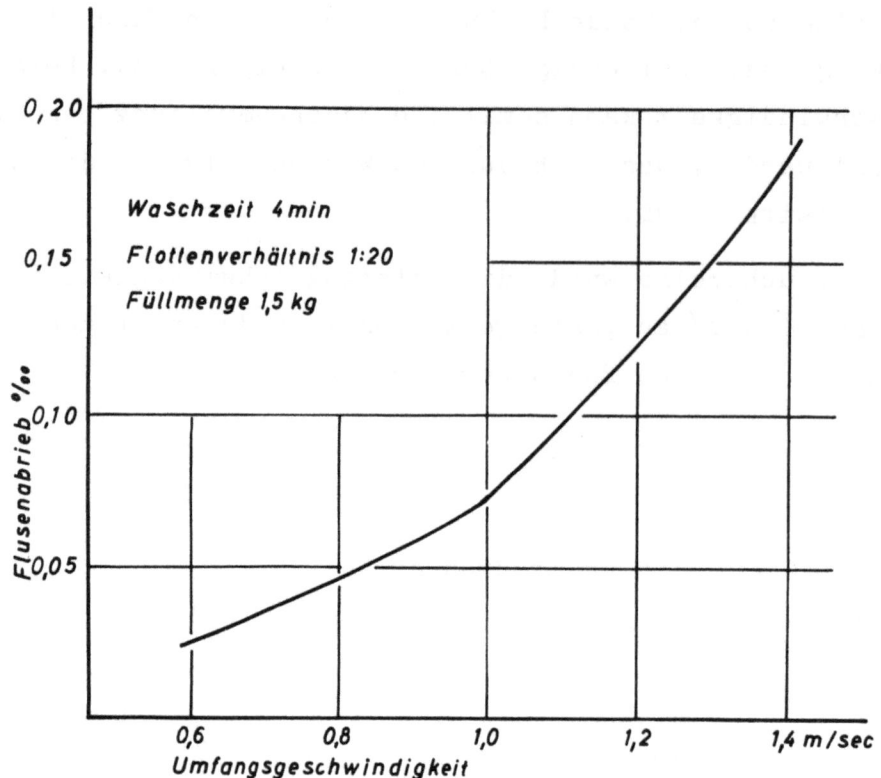

Abbildung 2

Bei einer Umfangsgeschwindigkeit von 1,4 m/sec traten bereits leichtere örtliche Schädigungen der Testwäsche auf.

2. Untersuchung der Waschwirkung in Abhängigkeit von der Umfangsgeschwindigkeit

Entsprechend der stärkeren Mechanik, die, wie die Versuche unter 1. gezeigt haben, zu einer Zunahme des Faserabriebs bei steigender Umfangsgeschwindigkeit geführt hat, ist ebenfalls eine Steigerung der Waschwirkung zu erwarten. Die Waschversuche wurden nach dem bereits beschriebenen Einweich-Koch-Verfahren (S. 7) unter den gleichen Bedingungen wie die Abriebversuche vorgenommen.

Da bei einer Umfangsgeschwindigkeit von 0,6 m/sec die eingesetzte Mechanik so gering ist, daß hierbei keine ausreichende Waschwirkung zu erwarten ist, und bei einer Umfangsgeschwindigkeit von 1,4 m/sec die Mechanik so stark ist, daß bereits örtliche Schädigungen der Wäsche auftreten, erstreckten sich die Versuche zur Ermittlung der Waschwirkung nur auf die Umfangsgeschwindigkeiten von 0,8 bis 1,2 m/sec.

Tabelle 2

Zunahme der Waschwirkung mit steigender Umfangsgeschwindigkeit

Umfangsgeschwindigkeit m/sec	0,8	1,0	1,2
% Waschwirkung	68 %	75 %	77 %

Aus dem Kurvenverlauf (Abb. 3) ist deutlich zu ersehen, daß die Steigerung der Waschwirkung nicht parallel mit der Zunahme der Mechanik (Flusenabrieb) verläuft. Vielmehr ist bei Umfangsgeschwindigkeiten über 1,0 m/sec bei gleichbleibender Waschzeit nur noch eine geringe Verbesserung der Waschwirkung erreicht worden.

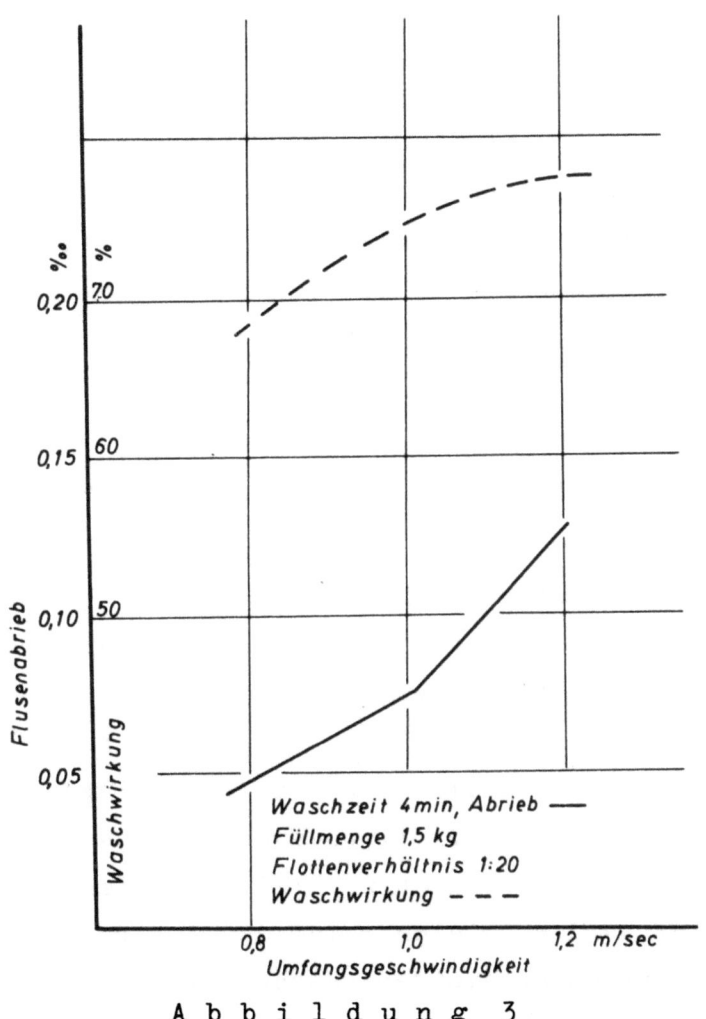

Abbildung 3

Bei einer <u>Umfangsgeschwindigkeit von 0,8 m/sec</u> beträgt die Waschwirkung 68. Dieser Reinigungseffekt ist jedoch nicht als ausreichend anzusehen. Die angewendete Mechanik ist zu gering, was durch den niedrigen Flusenabrieb-Wert bewiesen wird.

Wird die <u>Umfangsgeschwindigkeit von 0,8 m/sec auf 1,0 m/sec</u> gesteigert, zeigen sowohl die Kurve für den Abrieb als auch für die Reinigungswirkung gleich steigende Tendenz. Die Waschwirkung wird auf 75 erhöht, was auch noch nicht als gut anzusehen ist. Der Flusenabrieb liegt bei dieser Umfangsgeschwindigkeit noch relativ niedrig.

Bei Zunahme der <u>Umfangsgeschwindigkeit auf 1,2 m/sec</u> steigt der Abrieb stark an. Im Verhältnis dazu nimmt die Waschwirkung nur geringfügig auf 77 zu.

Der nur geringe Anstieg der Waschwirkung ist auf das bei hoher Umfangsgeschwindigkeit eintretende leichte Verwickeln der Wäsche zurückzuführen, das eine gute Durcharbeitung des Waschgutes behindert.

Die in Versuchsserie A durchgeführten Versuche mit steigender Umfangsgeschwindigkeit von 0,6 bis 1,4 m/sec zeigen deutlich, daß bei Anwendung einer Waschzeit von 4 min und einem Flottenverhältnis von 1 : 20 durch eine Umfangsgeschwindigkeit von 1,0 m/sec noch keine gute Waschwirkung bei möglichster Faserschonung erreicht werden kann. Eine weitere Steigerung der Umfangsgeschwindigkeit führt zu einem starken mechanischen Angriff der Wäsche.

Versuchsreihe B

1. Untersuchung der Wäschebeanspruchung in Abhängigkeit von der Waschzeit

Neben der Umfangsgeschwindigkeit ist die Dauer der Waschzeit ein weiterer Faktor, der Einfluß auf die mechanische Beanspruchung der Wäsche hat. Beobachtet man die Wäschebewegung in einer Bottichwaschmaschine längere Zeit, so kann man leicht feststellen, daß beim Überschreiten einer bestimmten Waschzeit allmählich ein Verschlingen der einzelnen Wäscheteile untereinander eintritt, wodurch die Wäscheumwälzung und Wäschedurchflutung gehemmt wird. Eine Steigerung der Waschwirkung kann nicht mehr erwartet werden, vielmehr ist das Auftreten einer starken örtlichen Reibbeanspruchung einiger Wäscheteile wahrscheinlich. Zwecks Ermittlung des Einflusses der Waschzeit wurde diese von 2 bis 12 min gesteigert. Die übrigen Versuchsbedingungen entsprachen wiederum den in dieser Maschine angewandten Versuchsbedingungen:

Konstante Größen:

Wäschemenge:	1,5 kg Trockenwäsche
Waschlaugenmenge:	30 l
Flottenverhältnis:	1 : 20
Umfangsgeschwindigkeit:	1,0 m/sec
Waschmittel:	1 g/l Seife
Waschzahl:	10
Temperatur:	80°C

Variable Größe:

Waschzeit: 2, 4, 6, 8, 10 und 12 min.

Tabelle 3[1]

Zunahme des Flusenabriebs mit steigender Waschzeit

Waschzeit min	2	4	6	8	10	12
Abrieb g/kg Trockenwäsche	0,042	0,073	0,111	0,163	0,23	0,27
Zunahme g/kg Trockenwäsche		0,03	0,04	0,05	0,06	0,04

Neben-Versuchsreihe 1a und 1b

Aus der Kurve I (Tab. 1, S. 9) ergibt sich ein unterschiedlicher Anstieg des Flusenabriebs bei den Umfangsgeschwindigkeiten unterhalb und oberhalb einer mittleren Geschwindigkeit von U = 1,0 m/sec. Da in der Praxis in Rührwerkwaschmaschinen sowohl Umfangsgeschwindigkeiten unter als auch über 1,0 m/sec gebräuchlich sind, wurden, um auch in diesen Fällen genaue Kenntnisse über den Flusenabrieb zu erhalten, Parallelversuche mit den Umfangsgeschwindigkeiten U = 0,8 m/sec und U = 1,2 m/sec durchgeführt. Die Waschzeit betrug bei diesen Versuchen: 4, 6 und 8 min. Die anderen Faktoren waren die gleichen wie in Versuchsreihe 1.

---

1. s. Abbildung 4

<u>V e r s u c h s r e i h e   1 a:</u> Umfangsgeschwindigkeit U = 0,8 m/sec

Tabelle 4[2)]

<u>Zunahme des Flusenabriebs bei steigender Waschzeit (U = 0,8 m/sec)</u>

Waschzeit min	4	6	8
Abrieb g/kg Trockenwäsche	0,047	0,064	0,082
Zunahme g/kg Trockenwäsche		0,017	0,018

<u>V e r s u c h s r e i h e   1 b:</u> Umfangsgeschwindigkeit U = 1,2 m/sec

Tabelle 5[3)]

<u>Zunahme des Flusenabriebs bei steigender Waschzeit U = 1,2 m/sec</u>

Waschzeit min	4	6	8
Abrieb g/kg Trockenwäsche	0,11	0,165	0,232
Zunahme g/kg Trockenwäsche		0,055	0,067

Aus den Kurven der Abbildung 4 geht folgendes hervor:
Bei Steigerung der Waschzeit von 2 auf 10 min nimmt der Flusenabrieb bei einer Umfangsgeschwindigkeit von U = 1,0 m/sec praktisch gleichmäßig zu. Dadurch wird angezeigt, daß die Durcharbeitung der Wäsche überall gut ist. Die einzelnen Wäscheteile können bei einer Füllmenge von 1,5 kg und einem Flottenverhältnis von 1 : 20 frei in der Lauge schwimmen, was eine gute Wäscheumwälzung und eine gleichmäßige mechanische Bearbeitung zur Folge hat. Eine Verlängerung der Waschzeit auf 12 min bewirkt ein allmähliches Verwickeln und Verdrehen der Wäsche. Die Wäsche kann nicht mehr so gleichmäßig mechanisch bearbeitet werden, was aus dem geringer werdenden Flusenabrieb ersichtlich ist.

<u>Kurve 1 a:</u> Bei einer niedrigen Umfangsgeschwindigkeit von U = 0,8 m/sec ist der Flusenabrieb bei gleichen Waschzeiten jeweils geringer als bei der Anwendung einer stärkeren Mechanik bei einer Umfangsgeschwindigkeit von U = 1,0 m/sec. Die Kurve verläuft bei einer Waschzeit von 4 bis 8 min flacher und steigt praktisch linear an. Ein Verwickeln der Wäsche

2. s. Abbildung 4
3. s. Abbildung 4

würde hier erst bei einer der geringeren Umfangsgeschwindigkeiten entsprechenden, längeren Waschzeit eintreten (ca. 14 bis 16 min).

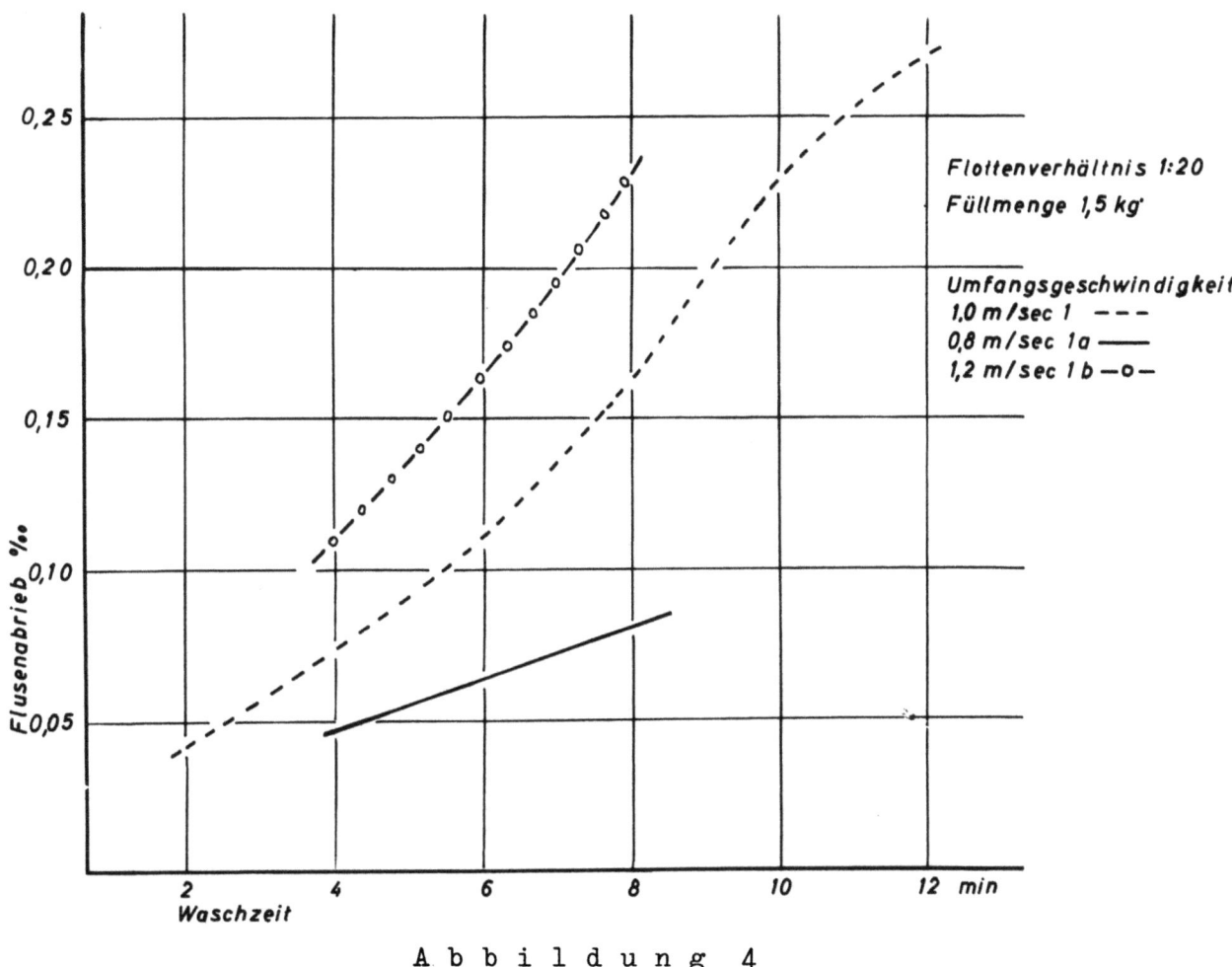

Abbildung 4

Kurve 1 b: Hier liegt der Flusenabrieb infolge der Erhöhung der Umfangsgeschwindigkeit auf U = 1,2 m/sec entsprechend höher. Die Kurve verläuft bei Anwendung einer Waschzeit von 4 bis 8 min fast parallel der Kurve 1. Ein Geringerwerden des Abriebs ist, infolge der hohen Umfangsgeschwindigkeit und das dadurch verursachte stärkere Verwickeln der Wäscheteile, bereits bei einer Waschzeit von 10 min zu erwarten.

Es zeigt sich also, daß in den Versuchsreihen 1 und 1 a (1,0 und 0,8 m/sec Umfangsgeschwindigkeit) bei Waschzeiten zwischen 4 und 8 min eine gute Durcharbeitung der Wäsche bei nicht zu hoher mechanischer Beanspruchung stattfindet. Bei einer Waschzeit von 2 min ist der Abrieb so gering, daß keine ausreichende Waschwirkung zu erwarten ist. Die Anwendung einer höheren Waschzeit von 10 min ist bei einer Umfangsgeschwindigkeit von 1,0 m/sec wegen der hohen Wäschebeanspruchung nicht zu empfehlen.

Die Kurve 1 b (Umfangsgeschwindigkeit 1,2 m/sec) zeigt bei 6 min Waschzeit einen Abriebswert wie Kurve 1 bei 8 min. Hier ist bereits eine Waschzeit über 6 min nicht mehr anzuraten.

Örtliche Schädigungen des Waschgutes traten während der Versuche nicht auf.

Aus den in Versuchsreihe B 1, B 1 a und B 1 b ermittelten Flusenwerten ergeben sich nunmehr die der Versuchsreihe A: "Flusenabrieb bei zunehmender Umfangsgeschwindigkeit bei einer Waschzeit von 4 min," entsprechenden Kurven für eine Waschzeit von 6 bis 8 min in einem Bereich von 0,8 bis 1,2 m/sec Umfangsgeschwindigkeit.

Tabelle 6[4)]

Zunahme des Flusenabriebs bei jeweils gleicher Umfangsgeschwindigkeit bei steigender Waschzeit

Umfangs-geschwin-digkeit m/sec	0,8		1,0		1,2	
	Abrieb g/kg Trw.	Zunahme g/kg Trw.	Abrieb g/kg Trw.	Zunahme g/kg Trw.	Abrieb g/kg Trw.	Zunahme g/kg Trw.
Waschzeit 4 min	0,045		0,075		0,125	
		0,015		0,035		0,065
6 min	0,06		0,11		0,19	
		0,015		0,059		0,083
8 min	0,075		0,169		0,273	

In Versuchsreihe A (4 min Waschzeit, S.   ) wurde festgestellt, daß ein stärkerer Flusenabrieb bei Umfangsgeschwindigkeiten über 1,0 m/sec zu verzeichnen war, während sich bei Umfangsgeschwindigkeiten von 0,6 bis 1,0 m/sec ein flacherer Anstieg der Kurve zeigte (Kurve 1).

---

4. s. Abbildung 5

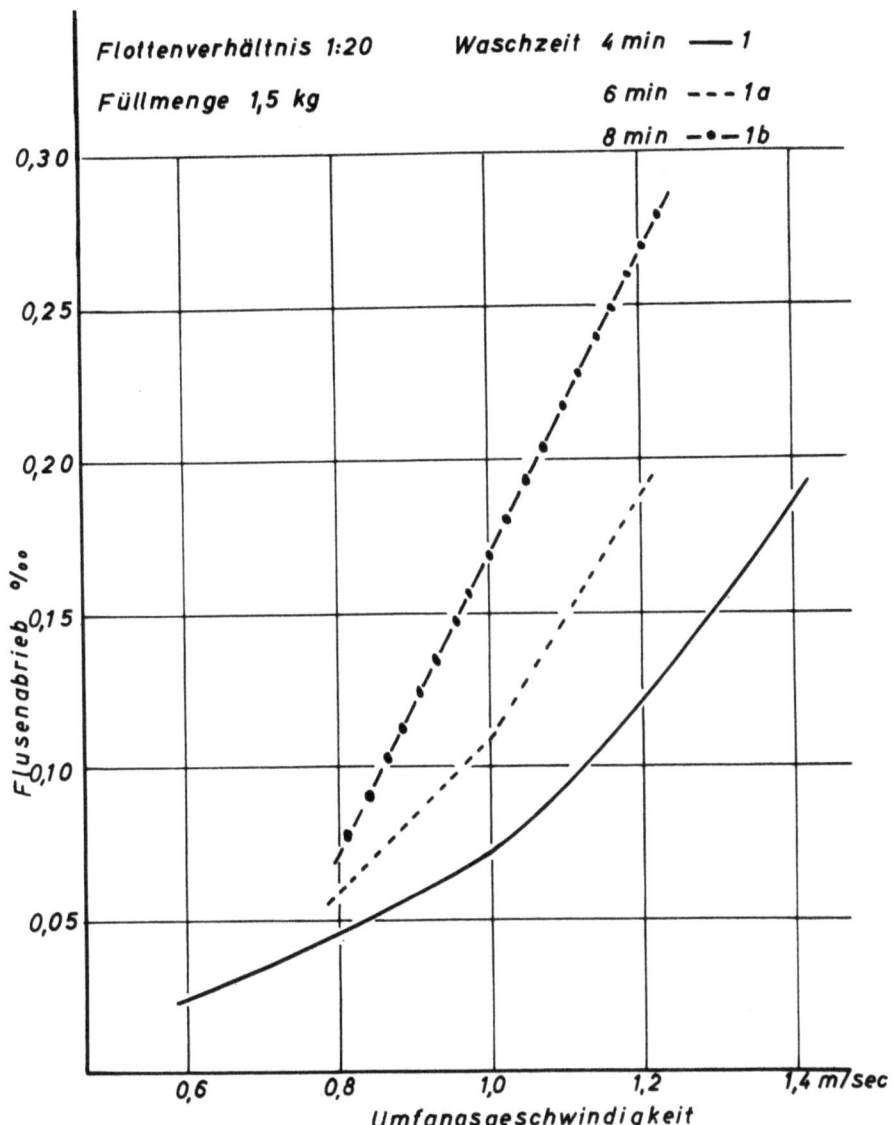

Abbildung 5

Bei einer Waschzeit von 6 min (Kurve 1 a) ist bereits bei einer Umfangsgeschwindigkeit von 0,8 bis 1,0 m/sec ein deutlich steilerer Anstieg der Abriebskurve zu bemerken.

Kurve 1 b zeigt den Flusenabrieb bei steigender Umfangsgeschwindigkeit und einer Waschzeit von 8 min. Der Abrieb steigt hier von einer Umfangsgeschwindigkeit von 0,8 bis 1,2 m/sec linear an.

Bei der Betrachtung der drei Kurven wird deutlich, daß die Steigerung der Waschzeit um jeweils zwei min bei zunehmenden Umfangsgeschwindigkeiten von 0,8 bis 1,2 m/sec eine wesentliche stärkere mechanische Beanspruchung des Waschgutes ausmacht.

2. Untersuchung der Waschwirkung in Abhängigkeit von der Waschzeit

Die Prüfung der Waschwirkung in Abhängigkeit von der Waschzeit erstreckte sich ebenfalls auf 3 Versuchsreihen mit drei verschiedenen Umfangsgeschwindigkeiten (Versuchsreihe 2 = 1,0 m/sec, 2 a = 0,8 m/sec, 2 b = 1,2 m/sec). Es wurden diejenigen Waschzeiten eingesetzt, die sich bei der Bestimmung des Faserabriebs als günstig erwiesen hatten. Die Versuchsbedingungen blieben wiederum die gleichen.

Tabelle 7[5]

Zunahme der Waschwirkung mit steigender Waschzeit

Waschzeit min:	4	6	8
% Reinigungswirkung: Umfangsgeschwindigkeit 1,0 m/sec	75	80,5	83,5
% Reinigungswirkung: Umfangsgeschwindigkeit 0,8 m/sec	70,5	75,5	77
% Reinigungswirkung: Umfangsgeschwindigkeit 1,2 m/sec	79	86,5	

Betrachtet man die Waschwirkung bei jeweils verschiedenen Umfangsgeschwindigkeiten und ansteigender Waschzeit, (s. Abb. 6) zeigen sich in Verbindung mit dem Flusenabrieb interessante Ergebnisse:

Der Faserabrieb ist bei einer <u>Umfangsgeschwindigkeit von 0,8 m/sec</u> gering. Er steigt bei Waschzeiten von 4 bis 8 min linear an. Die Waschwirkung liegt bei 4 min Waschzeit bei 70,5, bei einer Verlängerung auf 6 min bei 75,5. In beiden Fällen kann sie noch nicht als ausreichend bezeichnet werden. Die eingesetzte Mechanik gewährleistet zwar ein schonendes Waschen, jedoch genügt der erzielte Wascheffekt noch nicht. Beim Einsatz einer Waschzeit von 8 min steigt die Waschwirkung nur geringfügig auf 77. Stark verschmutzte Wäscheteile wurden auch bei dieser Waschzeit nicht genügend sauber gewaschen.

---

5. s. Abbildung 6

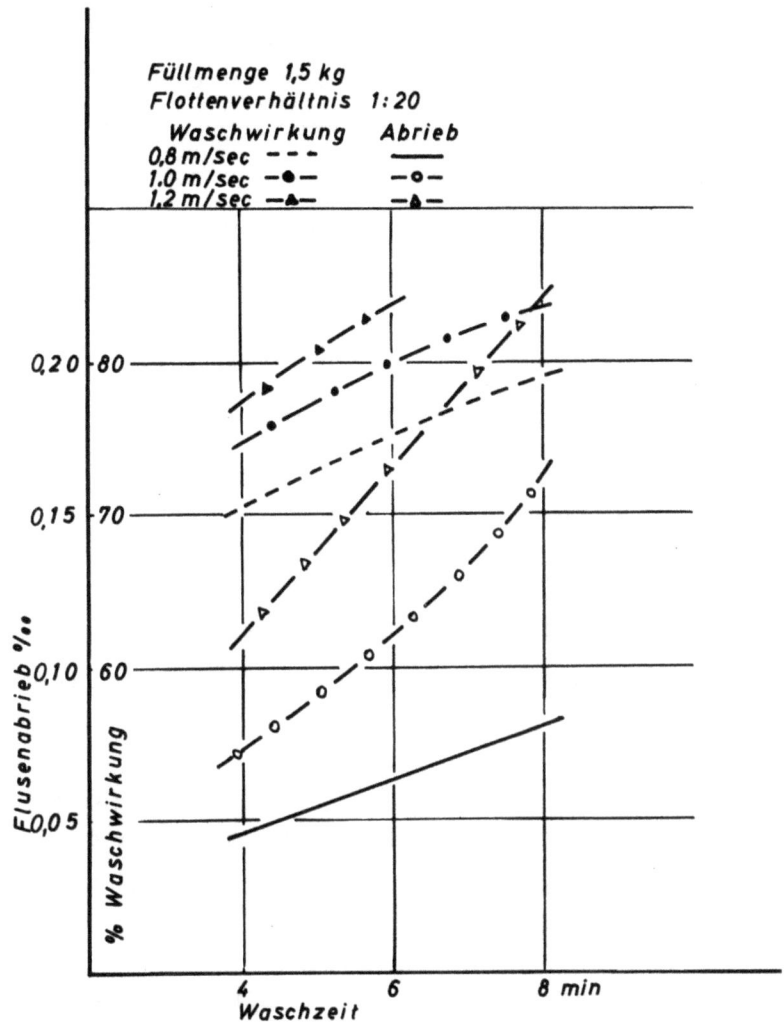

Abbildung 6

Beträgt die Umfangsgeschwindigkeit 1,0 m/sec, nimmt die Reinigungswirkung bei Steigerung der Waschzeit von 4 auf 6 min von 75 auf 80,5 zu. Der bei 6 min erzielte Wert kann als genügend bezeichnet werden. Die Abriebskurve zeigt in diesem Bereich zwar einen steileren Verlauf als bei 0,8 m/sec, jedoch liegen die Werte noch verhältnismäßig niedrig.

Wird die Waschzeit von 6 min auf 8 min erhöht, so tritt eine geringe Steigerung des Wascheffektes auf 83,5 ein. Die mechanische Wäschebeanspruchung dagegen nimmt stark zu. Der nur geringe Anstieg der Waschwirkung bei einer erheblichen Verstärkung des Abriebs läßt die Anwendung einer Waschzeit von 8 min in diesem Fall nicht als gerechtfertigt erscheinen.

Bei einer <u>Umfangsgeschwindigkeit von 1,2 m/sec</u> und einer Waschzeit von 4 min liegt der Abrieb in der gleichen Höhe wie bei 1,0 m/sec und 6 min Waschzeit. Die Waschwirkung beträgt hierbei 79 gegenüber 75 bei 1,0 m/sec. Der Reinigungseffekt von 79 reicht bereits aus. Wird eine Waschzeit von 6 min angewandt, kann eine erhebliche Steigerung des Wascherfolges auf 86,5 erreicht werden. Der Flusenabrieb nimmt aber in einem wesentlich stärkeren Maße zu, so daß sich hier bereits der gleiche hohe Wert wie bei 1,0 m/sec Umfangsgeschwindigkeit und 8 min Waschzeit ergibt. Der Einsatz einer so hohen Mechanik ist wie bei Kurve 2 (1,0 m/sec, 8 min Waschzeit) vom Standpunkt der Wäscheschonung aus gesehen nicht mehr vertretbar.

Versuche mit 1,2 m/sec Umfangsgeschwindigkeit und einer Waschzeit von 8 min wurden nicht durchgeführt, weil hier ein enorm hoher Flusenabrieb gefunden und außerdem örtliche Schädigungen der Testwäsche festgestellt wurden.

Bei der Betrachtung der 3 Kurven für die Waschwirkung fällt auf, daß alle Diagramme parallel verlaufen. Dies ist dadurch zu erklären, daß bei einer Steigerung der Umfangsgeschwindigkeit die Bewegung des Rührers stetig um einen bestimmten Wert zunimmt.

Bei der Zunahme der Waschzeit von 4 auf 6 min ist die Steigerung des Wascheffektes größer als bei einer Zunahme von 6 auf 8 min, obwohl hier die Mechanik um den gleichen Wert zunimmt. Dies fiel bereits schon bei der Waschwirkungskurve mit steigender Umfangsgeschwindigkeit bei gleichbleibender Waschzeit auf (s. S. 11).

Diese Erscheinung beruht darauf, daß außer der Umfangsgeschwindigkeit, der Waschzeit, dem Flotten- und Füllungsverhältnis die Chemie (Waschmittel) bei der Wäschereinigung eine wesentliche Rolle spielt. Wenn nun wie bei den durchgeführten Versuchen im Einweich-Koch-Verfahren gewaschen wird, (d.h. Wäsche nach vorherigem Einweichen zunächst ruhend in der Waschmittellösung bis zum Kochpunkt aufheizen und anschließend in der Maschine waschen) dann ist, wie aus den Diagrammen deutlich zu entnehmen ist, nach 6 min die Reinigungs- und Bleichkraft der Waschmittel praktisch erschöpft, so daß eine Verstärkung der Mechanik keinen wesentlich besseren Reinigungserfolg mehr bringt. Die Steigerung der Mechanik wirkt sich jedoch nachteilig in einem deutlichen Anstieg der entsprechenden Abriebskurven aus.

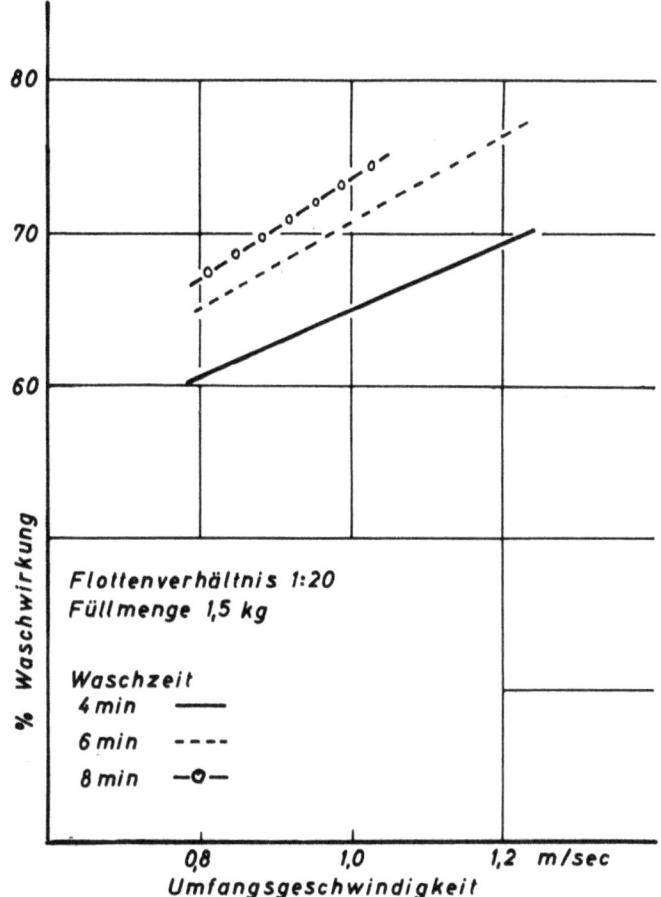

Abbildung 7

Stellt man die gefundenen Werte für die Reinigungswirkung derart zusammen, daß sich der Anstieg des Wascheffektes bei jeweils gleicher Waschzeit und steigender Umfangsgeschwindigkeit ergibt, erhält man 3 Kurven, die entsprechend der gleichmäßig zunehmenden Mechanik linear ansteigen (s. Abb. 7). Daß die Reinigungs- und Bleichkraft des Waschmittels (bei gleicher Dosierung/l Wasser) in Verbindung mit der jeweilig eingesetzten Mechanik gleiche Wirkung zeigt, beweist der parallele Verlauf der Diagramme. Jedoch geht aus dem deutlich sichtbaren, unterschiedlichen Abstand der Kurven untereinander, der zwischen 4 und 6 min wesentlich größer ist als zwischen 6 und 8 min, hervor, daß ein Nachlassen der Wirkung des Waschmittels beim Überschreiten einer bestimmten Waschzeit eintritt, obwohl die Mechanik jeweils um den gleichen Wert zunimmt.

In Versuchsserie 2 wurde festgestellt, daß eine Verbesserung der Waschwirkung nicht in unbeschränktem Maße durch eine Steigerung der Waschzeit möglich ist. Vielmehr muß berücksichtigt werden, daß selbsttätige Waschmittel bei Anwendung des Einweich-Kochverfahrens nach einer Waschdauer von 6 min allmählich ihre Aktivität verlieren. Über diese Waschzeit hinaus ist nur noch eine geringe Steigerung des Wascheffektes bei einer verhältnismäßig hohen mechanischen Wäschebeanspruchung zu erreichen.

<u>Das günstigste Ergebnis fand sich bei einer Umfangsgeschwindigkeit von 1,0 m/sec und einer Waschzeit von 6 min. Der gleiche Wascherfolg bei gleicher mechanischer Beanspruchung läßt sich bei der Umfangsgeschwindigkeit von 1,2 m/sec und einer Waschzeit von 4 min erreichen, jedoch wirkt sich hier ein geringes Überschreiten der Waschzeit in einem steilen Anstieg der Abriebskurve aus.</u>

Versuchsreihe C

Untersuchung der Wäschebeanspruchung in Abhängigkeit von der Anzahl der Wäschen

Abgesehen von den mechanischen Einflüssen, die beim Waschen auf die Textilien einwirken, ist der Zustand des Waschgutes selbst ausschlaggebend für das Ausmaß der entstehenden Schädigung. Es ist einleuchtend, daß ein bereits "abgewaschenes" Wäschestück sich als weniger widerstandsfähig erweist, als ein neues.

Aus diesem Grunde wurde in Versuchsreihe C untersucht, inwiefern sich die Höhe des Flusenabriebs bei zunehmender Anzahl der Wäschen verändert. Der Abrieb wurde nach jeweils 10 Wäschen gemessen. Im ganzen wurden 100 Wäschen durchgeführt. Die übrigen Faktoren entsprachen den Normal-Bedingungen der Versuchsmaschine.

Versuchsmaschine: Konstante Größen

Wäschemenge:	1,5 kg Tr.W.
Waschlaugenmenge:	30 l
Flottenverhältnis:	1 : 20
Umfangsgeschwindigkeit:	1,0 m/sec
Waschzeit:	4 min
Waschmittel:	1 g/l Seife
Temperatur:	$80°C$

variable Größen

Waschzahl:

10, 20, 30, 40, 50, 60 usw. bis 100

Tabelle 8

Zunahme des Flusenabriebes mit steigender Waschzahl

Waschzahl	10	20	30	40	50	60	70	80	90	100
Abrieb g/kg Trw.	0,08	0,16	0,24	0,32	0,40	0,48	0,53	0,58	0,63	0,68
Zunahme g/kg Trw.		0,08	0,08	0,08	0,08	0,08	0,05	0,05	0,05	0,05

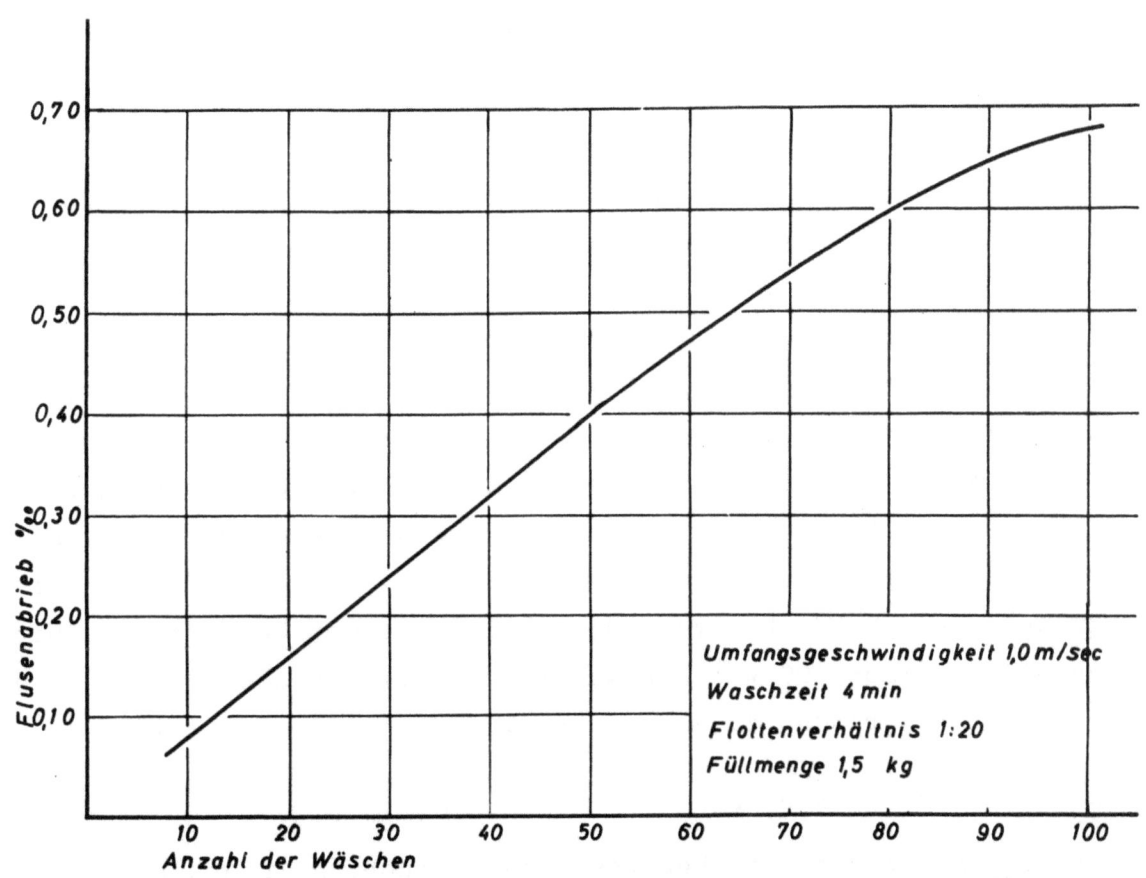

Abbildung 8

Aus dem Diagramm (Abb. 8) ist ein linear ansteigender Flusenabrieb bis zur 50. Wäsche zu erkennen. Bei weiterem Waschen werden die Abriebswerte etwas geringer.

Dies ist dadurch zu erklären, daß im Laufe der Zeit die aus der Gewebeoberfläche herausragenden Faserenden abgerieben werden. Die Oberfläche wird glatter. Mit zunehmender Waschzahl wird die Wäsche durch Bildung eines Seifenfilmes außerdem etwas geschmeidiger, was auch den Angriff des Bewegers auf die Wäsche abschwächt. Wird das Waschgut jedoch soweit "abgewaschen", daß der Faserverband in seinem Gefüge geschädigt ist, dann muß der Abrieb mit zunehmender Anzahl der Wäschen in immer stärkerem Maße mit dem Zerfall des Faserverbandes zunehmen.

In der benutzten Rührwerkwaschmaschine tritt bei einer Umfangsgeschwindigkeit von 1,0 m/sec und einer Waschzeit von 4 min nach 100 Wäschen noch keine derartige Schädigung des Versuchsgewebes ein.

Um Veränderungen des Gewebes, die durch <u>mechanische</u> Einwirkungen beim Waschen entstanden waren, genau beobachten zu können, wurde die Gewebeoberfläche nach jeweils 10 Wäschen mikroskopisch untersucht.

Auf der Oberfläche des Ausgangsgewebes (also vor dem Waschen) zeigten sich unzählige, herausragende, dicht beieinanderstehende, lange Faserenden. Nach 10 Wäschen waren sie noch von gleicher Länge, standen jedoch nicht mehr so dicht beieinander. Erst nach 30 Wäschen konnten abgebrochene Faserenden beobachtet werden, die unregelmäßig über die Gewebeoberfläche verteilt waren. Dies ist ein Beweis dafür, daß einige Stellen der Wäscheteile offenbar stärker mechanisch beansprucht werden. Nach 50 Wäschen hatte die Oberfläche des Gewebes ein gleichmäßiges Aussehen. Die abgebrochenen Faserenden waren nun annähernd gleich lang. Nunmehr trat beim Waschen ein Geringerwerden des Abriebs ein. Im Verlauf der weiteren 50 Wäschen veränderte sich die Gewebeoberfläche nicht mehr wesentlich. Nach 100 Wäschen war nur ein geringes Kürzerwerden der herausragenden Faserenden zu verzeichnen.

V e r s u c h s r e i h e   D

<u>1. Untersuchung der mechanischen Wäschebeanspruchung in Abhängigkeit vom Flottenverhältnis</u>

Unter dem Flottenverhältnis versteht man das Verhältnis von Wäschemenge in kg (Trockenwäsche) zur Waschflottenmenge in Litern. Wenn z.B. 1 kg

Wäsche in 10 l Waschmittellösung gewaschen wird, beträgt das Flottenverhältnis 1 : 10.

Es ist einleuchtend, daß bei Rührwerkwaschmaschinen eine Änderung des Flottenverhältnisses Einfluß auf den Grad der mechanischen Durcharbeitung der Wäsche und damit auf die mechanische Schädigung und die Waschwirkung haben muß.

In Versuchsreihe C wurde das Flottenverhältnis unter Zugrundelegung einer konstanten Wäschemenge von 1,5 kg von 1 : 25 bis 1 : 15 variiert. Aus technischen Gründen erwies es sich als unmöglich, in der Versuchsmaschine ein Flottenverhältnis von 1 : 30 anzuwenden, da bei einer Füllung der Maschine mit 45 l Waschmittellösung der Laugenstand bis über die Motorwelle reichte und die Waschflotte durch eine dort befindliche Öffnung in das Getriebe der Maschine lief. Versuche im Flottenverhältnis 1 : 5 konnten ebenfalls nicht durchgeführt werden, da hier praktisch keine Wäschebewegung mehr zustande kommt. Umfangsgeschwindigkeit, Waschzeit und die übrigen Faktoren wurden entsprechend den Normalbedingungen eingesetzt.

<u>Versuchsbedingungen:</u> Konstante Größen

Wäschemenge:	1,5 kg Tr.W.
Umfangsgeschwindigkeit:	1,0 m/sec
Waschzeit:	4 min
Waschzahl:	10
Waschmittel:	1 g/l Seife
Temperatur:	80°C

<u>variable Größen</u>

Flottenverhältnis: 1:25, 1:20, 1:15, 1:10
Waschlaugenmenge: 37,5, 30, 22,5 15 l

V e r s u c h s r e i h e   1 a   u n d   1 b

In der Versuchsreihe B 1 zeigte sich eine wesentliche Zunahme des Flusenabriebs bei Steigerung der Waschzeit um wenige Minuten. Da bei Rührwerkwaschmaschinen besonders bei Überladung der Maschine (niedriges Flottenverhältnis) die Einhaltung der Waschzeit zur Verhütung von Wäscheschädigungen wichtig ist, wurden außer der Hauptversuchsreihe mit der Waschzeit Z = 4 min Parallelversuche unter sonst gleichen Bedingungen durchgeführt.

Versuchsreihe 1 a mit der Waschzeit Z = 6 min
Versuchsreihe 1 b mit der Waschzeit Z = 8 min

Tabelle 9
Zunahme des Flusenabriebs bei abnehmendem Flottenverhältnis
(Zeit = 4 min)

Flottenverhältnis Flotte	1 : 25 37,5 l	1 : 20 30 l	1 : 15 22,5 l	1 : 10 15 l
Abrieb g/kg Trw.	0,065	0,072	0,082	0,11
Zunahme g/kg Trw.		0,007	0,010	0,028

Tabelle 10
Zunahme des Flusenabriebs mit abnehmendem Flottenverhältnis
(Zeit = 6 min)

Versuchsreihe 1 a, Z = 6 min

Flottenverhältnis Flotte	1 : 25 37,5 l	1 : 20 30 l	1 : 15 22,5 l	1 : 10 15 l
Abrieb g/kg Trw.	0,103	0,110	0,115	0,120
Zunahme g/kg Trw.		0,007	0,005	0,005

Versuchsreihe 1 b, Z = 8 min

Flottenverhältnis Flotte	1 : 25 37,5 l	1 : 20 30 l	1 : 15 22,5 l	1 : 10 15 l
Abrieb g/kg Trw.	0,159	0,163	0,165	0,168
Zunahme g/kg Trw.		0,004	0,002	0,003

Bei Betrachtung der Kurve 1 (Abb. 9) zeigt sich eine deutliche Zunahme des Flusenabriebs mit abnehmendem Flottenverhältnis. Die Zunahme ist nicht linear, sondern steigt bei Flottenverhältnissen unter 1 : 20

stärker an. Dieser stärkere Abrieb ist durch das Geringerwerden der Waschlaugenmenge bei gleicher Füllmenge zu erklären. Die Wäscheteile können nicht frei in der Waschmittellösung schwimmen und daher dem Angriff des Bewegers nicht so gut ausweichen. Außerdem wird die Reibung der einzelnen Wäscheteile aneinander stärker und häufiger. Örtliche Schädigungen konnten jedoch bei einer Waschzeit von <u>4 min</u> auch bei einem Flottenverhältnis von 1 : 10 nicht beobachtet werden.

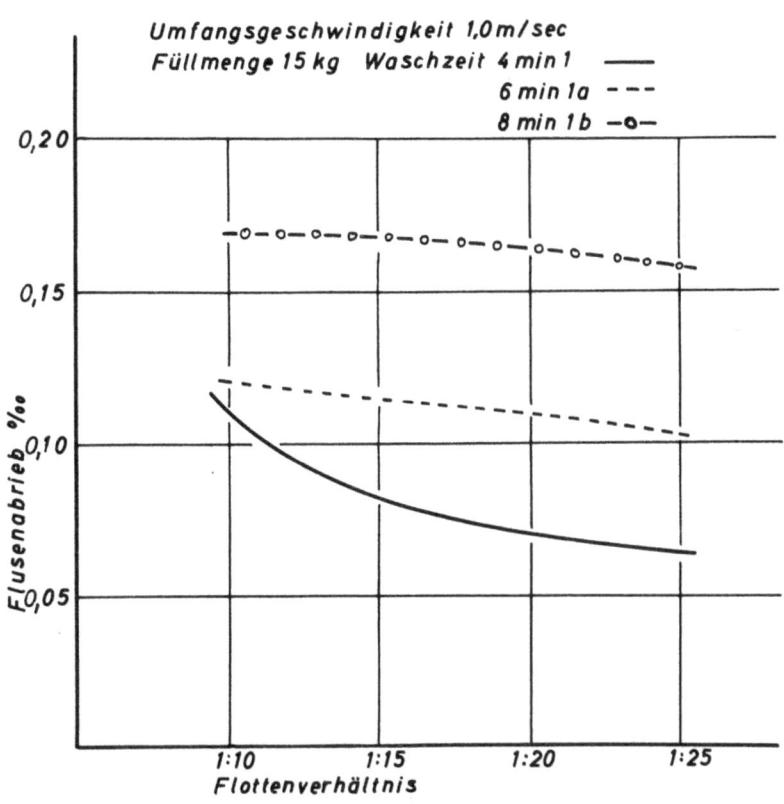

Abbildung 9

In der Kurve 1 a ist der Flusenabrieb bei abnehmendem Flottenverhältnis und einer Waschzeit von <u>6 min</u> dargestellt. Die Werte liegen zwar, der verlängerten Waschzeit entsprechend, im ganzen gesehen höher als bei 4 min Waschzeit, jedoch verläuft die Kurve wesentlich flacher als nach den Ergebnissen der Versuchsreihe 1 zu erwarten gewesen wäre. Bei Flottenverhältnissen von 1 : 25 und 1 : 20 liegen die Abriebswerte fast parallel mit Kurve 1. Bei den niedrigen Flottenverhältnissen von 1 : 15 bis 1 : 10 nimmt die Kurve 1 a einen wesentlich flacheren Verlauf. Es wurde beobachtet, daß mit zunehmender Waschzeit und abnehmendem

Wasserstand ein immer stärkeres Verwickeln und Verschlingen der einzelnen Wäscheteile ineinander eintrat. Dadurch konnte die Wäsche nicht mehr gleichmäßig mechanisch bearbeitet werden. Einige Wäscheteile jedoch, die in der Nähe des Bewegers lagen, wurden infolge der fehlenden Ausweichmöglichkeiten bei kurzer Flotte vom Wäschebeweger örtlich stark bearbeitet. Bei einem Flottenverhältnis von 1 : 10 traten bereits leichte Schädigungen der Testwäscheränder auf.

Infolge des Verwickelns der Wäsche einerseits und der starken örtlichen Reibeinwirkung des Bewegers auf die Wäsche andererseits, sind die bei einem Flottenverhältnis von 1 : 15 und 1 : 10 gefundenen Flusenwerte kein Maß für den wirklichen Abrieb.

Bei einer Waschzeit von 8 min zeigt die Kurve 1 b einen linearen Verlauf. Infolge der verlängerten Waschzeit liegt der Abrieb im allgemeinen wiederum höher als bei einer Waschzeit von 6 min. Hier tritt schon bei einem Flottenverhältnis von 1 : 15 ein leichtes Verwickeln der Wäsche ein, das bis zu einem Flottenverhältnis von 1 : 10 so stark zunimmt, daß es hier zu stärkeren und häufigeren örtlichen Wäscheschädigungen kommt als bei Versuch 1 a. Aus den bereits oben beschriebenen Gründen liegen auch bei diesem Versuch die Abriebswerte unter den theoretisch zu erwartenden Werten.

Bei Vergleich der drei Kurven untereinander ist deutlich ersichtlich, daß bei einer Umfangsgeschwindigkeit von 1,0 m/sec bei Flottenverhältnissen von 1 : 25 bis 1 : 15 die beste mechanische Durcharbeitung der Wäsche bei einer Waschzeit von 4 min erzielt werden kann. Bei Steigerung der Waschzeit wird die mechanische Durcharbeitung durch ein Verwickeln der Wäsche beeinträchtigt. Bei einem Flottenverhältnis von 1 : 10 kommt es dabei schon zu örtlichen Wäscheschäden.

Aus den bisher in der Serie D ermittelten Abriebswerten lassen sich die Diagramme für den Flusenabrieb bei jeweils gleichem Flottenverhältnis und gleicher Umfangsgeschwindigkeit (U = 1,0 m/sec) bei zunehmender Waschzeit aufstellen.

Beim Flottenverhältnis von 1 : 25 und 1 : 20 steigen die Kurven mit zunehmender Waschzeit fast parallel an, wobei im ganzen gesehen der Abrieb im Flottenverhältnis 1 : 20, bedingt durch die etwas geringere Flotte und die dadurch verursachte stärkere Reibung der einzelnen

Tabelle 11[6]

Zunahme des Flusenabriebs bei gleichem Flottenverhältnis sowie Umfangsgeschwindigkeit (U = 1,0 m/sec) und zunehmender Waschzeit

Wasch-zeit min	Flottenverhältnis							
	1 : 25		1 : 20		1 : 15		1 : 10	
	Abrieb g/kg Trw.	Zunahme	Abrieb g/kg Trw.	Zunahme	Abrieb g/kg Trw.	Zunahme	Abrieb g/kg Trw.	Zunahme
4	0,065		0,072		0,082		0,11	
		0,038		0,038		0,033		0,01
6	0,103		0,110		0,115		0,12	
		0,056		0,053		0,050		0,048
8	0,159		0,163		0,165		0,168	

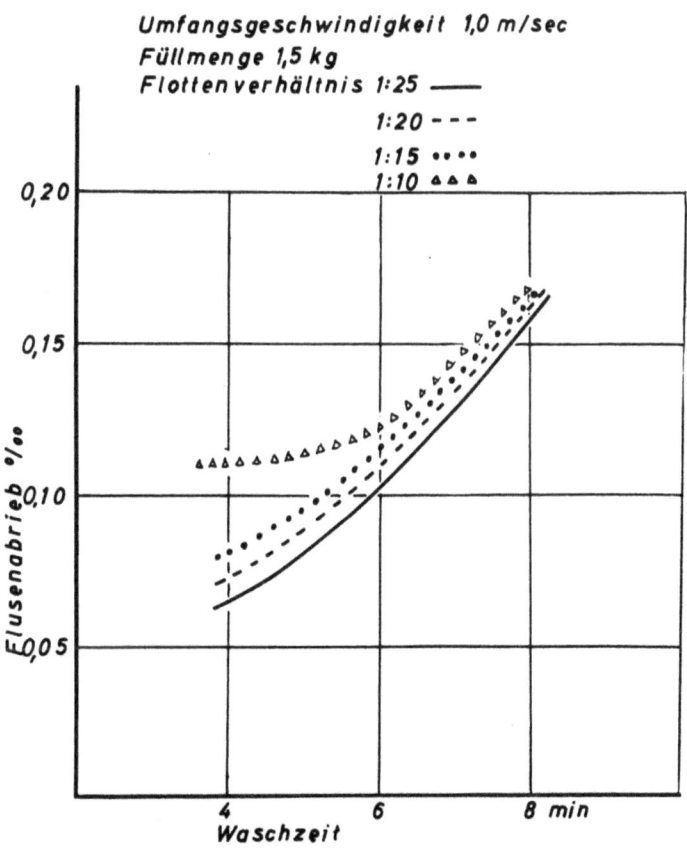

Abbildung 10

---

6. s. Abbildung 10

Wäscheteile aneinander, höher liegt (s. Abb. 10). Beim Flottenverhältnis 1 : 15 verläuft die Kurve wegen des schon beschriebenen Verwickelns der Wäsche bei Anwendung erhöhter Waschzeiten etwas flacher, als es der eingesetzten Mechanik entspricht. Dies zeigt sich noch im stärkeren Maße beim Waschen im Flottenverhältnis 1 : 10. Hier treten bei Waschzeit von 6 und 8 min örtliche Schädigungen der Wäsche auf.

In Versuchsreihe 1, 1 a und 1 b wurde eine Veränderung der Mechanik durch Erhöhung der Waschzeit bei gleichzeitiger Herabsetzung des Flottenverhältnissen erzielt.

Die Umfangsgeschwindigkeit blieb mit U = 1,0 m/sec konstant. Während der weiteren Versuche wurde die Veränderung der Mechanik durch Variieren der Umfangsgeschwindigkeit bei konstanter Waschzeit (Z = 4 min) unter sonst gleichen Versuchsbedingungen erreicht. In Versuchsreihe 1 c betrug die Umfangsgeschwindigkeit U = 0,8 m/sec in Versuchsreihe 1 d U = 1,2 m/sec.

Tabelle 12[7)]

Zunahme des Flusenabriebs mit abnehmendem Flottenverhältnis
(U = 0,8 m/sec)

Versuchsreihe 1 c, U = 0,8 m/sec

Flottenverhältnis	1 : 25	1 : 20	1 : 15	1 : 10
Flotte	37,5 l	30 l	22,5 l	15 l
Abrieb g/kg Trw.	0,043	0,047	0,052	0,064
Zunahme g/kg Trw.		0,004	0,005	0,012

Versuchsreihe 1 d, U = 1,2 m/sec

Flottenverhältnis	1 : 25	1 : 20	1 : 15	1 : 10
Flotte	37,5 l	30 l	22,5 l	15 l
Abrieb g/kg Trw.	0,104	0,110	0,112	0,104
Zunahme g/kg Trw.		+ 0,006	+ 0,002	− 0,008

---

7. s. Abbildung 11

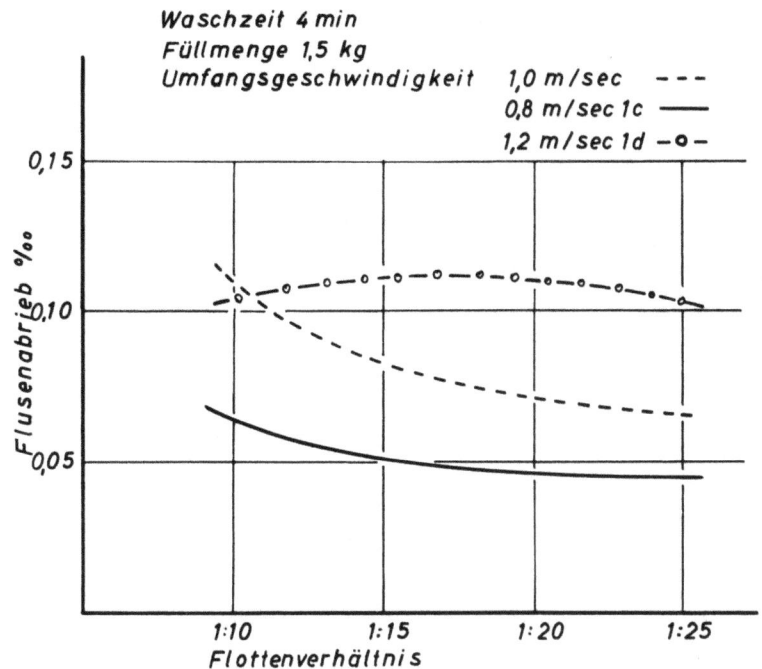

Abbildung 11

Bei einer Umfangsgeschwindigkeit von 0,8 m/sec (Kurve 1 a) verläuft das Diagramm (Abb. 11) für den Flusenabrieb in niedrigeren Bereichen als bei einer Umfangsgeschwindigkeit von 1,0 m/sec (Kurve 1). Bei Flottenverhältnissen von 1 : 25 bis 1 : 15 steigt der Abrieb linear an, um bei Flottenverhältnissen von 1 : 15 bis 1 : 10 stärker zuzunehmen. Infolge der geringeren Mechanik ist die Zunahme des Flusenabriebs bei Kurve 1 c hier nicht so stark wie bei Kurve 1. Im Ganzen gesehen zeigen jedoch beide Kurven gleiche Tendenzen.

Dagegen bietet die Kurve 1 d, die sich bei einer Umfangsgeschwindigkeit von U = 1,2 m/sec ergibt, ein ganz anderes Bild. Die Bewegung des Rührflügels ist hier bereits so schnell, daß bei einem Flottenverhältnis von 1 : 15 schon ein so starkes Verwickeln der Wäsche eintritt, daß der Flusenabrieb fast den gleichen Wert wie bei einem Flottenverhältnis von 1 : 20 ausmacht, obwohl nach den bereits gemachten Erfahrungen ein wesentlich höherer Abrieb erwartet werden kann. Beim Waschen im Flottenverhältnis 1 : 10 konnte keine Wäscheumwälzung mehr beobachtet werden. Die in der Nähe des Bewegers gelagerte Wäsche wurde von diesem rasch hin- und hergezogen, während die an der Bottichwand liegende Wäsche nicht mehr bewegt wurde. Diese Erscheinung wurde durch die hohe Umfangsgeschwindigkeit in Verbindung mit dem niedrigen Laugenstand hervorgerufen. Der Flusenabrieb liegt infolgedessen niedriger als der Wert, der beim Waschen im Flottenverhältnis 1 : 15 gefunden wurde, jedoch zeigten sich, verursacht durch die starke mechanische Bearbeitung an einigen Wäscheteilen örtliche Schädigungen der Versuchswäsche. Bei den Flottenverhältnissen 1 : 25 und 1 : 20 verläuft die Kurve entsprechend den Kurven 1 und 1 c.

Es kann also gesagt werden, daß bei einer Waschzeit von 4 min bei Umfangsgeschwindigkeiten von 0,8 bis 1,0 m/sec auch bei niedrigem Flottenverhältnis noch eine gute mechanische Durcharbeitung der Wäsche stattfindet, wobei allerdings mit abnehmendem Flottenverhältnis eine Zunahme des Abriebs zu verzeichnen ist. Bei einer Umfangsgeschwindigkeit von 1,2 m/sec läßt die gleichmäßige Durcharbeitung bei niedrigen Flottenverhältnissen nach, wobei zwar der Flusenabrieb infolge der ungleichmäßigen Wäschebearbeitung geringer wird, jedoch örtliche, mechanische Schädigungen des Testgewebes auftreten. Bei höheren Flottenverhältnissen von 1 : 25 bis 1 : 20 liegen die Abriebswerte bei den jeweils gleichen Umfangsgeschwindigkeiten praktisch in der gleichen Höhe.

Tabelle 13[8)]

Zunahme des Flusenabriebs bei steigender Umfangsgeschwindigkeit und jeweils gleichem Flottenverhältnis und gleicher Waschzeit (Z = 4 min)

Umfangs-geschwin-digkeit	Flottenverhältnis			
	1 : 25	1 : 20	1 : 15	1 : 10
m/sec	Abrieb Zunahme g/kg Trw.	Abrieb Zunahme g/kg Trw.	Abrieb Zunahme g/kg Trw.	Abrieb Zunahme g/kg Trw.
0,8	0,043	0,047	0,052	0,065
	——0,022——	——0,025——	——0,030——	——0,045——
1,0	0,065	0,072	0,082	0,110
	——0,039——	——0,038——	——0,030——	——-0,008——
1,2	0,104	0,110	0,112	0,102

---

8. s. Abbildung 12

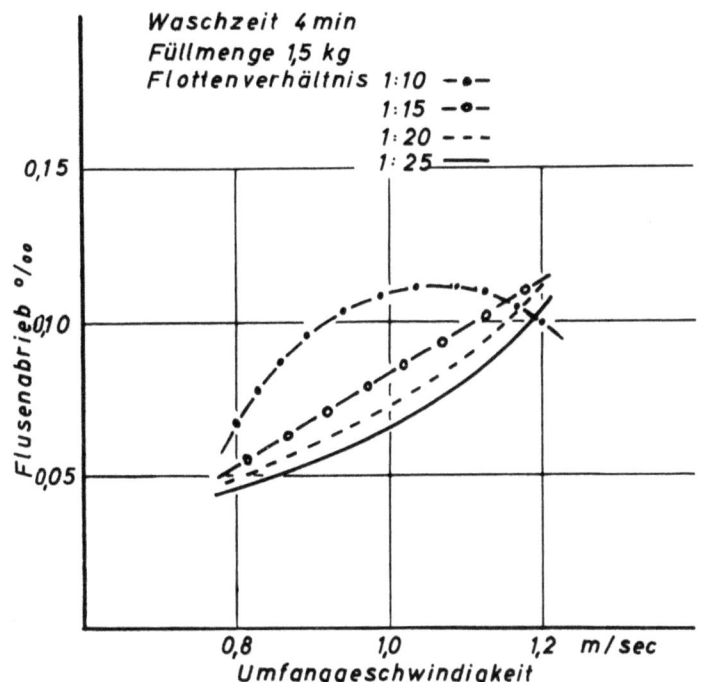

Abbildung 12

Werden die gefundenen Werte für den Flusenabrieb so aufgetragen
(s. Abb. 12), daß sich die Abriebsdiagramme für jeweils gleiche Flotten-
verhältnisse und steigender Umfangsgeschwindigkeit bei gleichbleibender
Waschzeit ergeben, stellt man fest, daß die Kurven für Flottenverhält-
nisse von 1 : 25 und 1 : 20 parallel verlaufen. Dies beweist, daß bei
diesen Umfangsgeschwindigkeiten eine gute Wäschebewegung und Wäsche-
durcharbeitung stattfindet.

Wird ein Flottenverhältnis von 1 : 15 angewendet, zeigt das Diagramm
mit zunehmender Umfangsgeschwindigkeit einen linearen Verlauf. Hier
ist zu berücksichtigen, daß der Wert für den Flusenabrieb bei 1,2 m/sec
Umfangsgeschwindigkeit durch das oben beschriebene stärkere Verwickeln
der Wäsche niedriger liegt, als es der angewandten Mechanik entspricht.

Die Beeinträchtigung der mechanischen Durcharbeitung der Wäsche durch
dieses Verwickeln wird beim Betrachten der Kurve, die den Flusenabrieb
bei einem Flottenverhältnis von 1 : 10 anzeigt, deutlich. Trotz Verstärkung der Mechanik ergeben sich bei der Zunahme der Umfangsgeschwindigkeit von 1,0 auf 1,2 m/sec gleiche Abriebswerte.

Um eine gute mechanische Durcharbeitung der Wäsche zu erreichen, erscheint die Anwendung eines Flottenverhältnisses unter 1 : 20 nicht angezeigt.

2. Untersuchung der Waschwirkung in Abhängigkeit vom Flottenverhältnis

Analog der in Versuchsreihe D 1 durchgeführten Prüfung der mechanischen Wäschebeanspruchung in Abhängigkeit vom Flottenverhältnis wurden zur Bestimmung der Waschwirkung ebenfalls 5 Serien angestellt:

Serie 2 : Umfangsgeschwindigkeit 1,0 m/sec, Waschzeit 4 min
Serie 2 a: Umfangsgeschwindigkeit 1,0 m/sec, Waschzeit 6 min
Serie 2 b: Umfangsgeschwindigkeit 1,0 m/sec, Waschzeit 8 min
Serie 2 c: Umfangsgeschwindigkeit 0,8 m/sec, Waschzeit 4 min
Serie 2 d: Umfangsgeschwindigkeit 1,2 m/sec, Waschzeit 4 min

Das Flottenverhältnis wurde in Versuchsreihe 2 und 2 c von 1 : 25 bis 1 : 15 herabgesetzt.

In den übrigen Serien konnte nur im Flottenverhältnis 1 : 25 und 1 : 20 gewaschen werden, weil bei weiterer Senkung des Flottenverhältnisses auf 1 : 15 bereits hohe Abriebswerte oder gar örtliche Schädigungen der Testwäsche aufgetreten waren. Im Flottenverhältnis von 1 : 10 konnte aus Gründen der Wäscheschonung bei sämtlichen Versuchen nicht gearbeitet werden.

Bei der Gegenüberstellung aller Kurven für die Waschwirkung bei gleichbleibender Umfangsgeschwindigkeit (1,0 m/sec) und steigender Waschzeit (4 - 8 min bzw. 6 min) fällt auf, daß ganz allgemein bei Abnahme des Flottenverhältnisses von 1 : 25 auf 1 : 20 die Waschwirkung etwas zunimmt. Parallel damit geht eine geringfügige Zunahme der Wäschebeanspruchung einher. Dies ist damit zu erklären, daß bei Anwendung eines höheren Flottenverhältnisses (auf 1 kg Wäsche kommt mehr Waschmittellösung) bei gleichbleibender Waschzeit die Reibung der einzelnen Wäscheteile aneinander geringer wird.

<u>Waschzeit 4 min:</u> Bei Abnahme des Flottenverhältnisses von 1 : 25 über 1 : 20 auf 1 : 15 steigt die Waschwirkung von 73 auf 75 an, um dann wiederum auf 71,5 abzusinken. Der Flusenabrieb nimmt in diesem Bereich in geringem Maße linear zu. Der erzielte Wascheffekt kann in allen 3 Fällen noch nicht als zufriedenstellend angesehen werden.

Tabelle 14[9]

Änderung der Waschwirkung mit abnehmendem Flottenverhältnis
(Umfangsgeschwindigkeit U = 1,0 m/sec, Waschzeit Z = 4 min)

Flottenverhältnis	1 : 25	1 : 20	1 : 15
% Reinigungswirkung	73,0	75,0	71,5

Versuchsreihe 2 a
Umfangsgeschwindigkeit 1,0 m/sec, Waschzeit Z = 6 min

Flottenverhältnis	1 : 25	1 : 20
% Reinigungswirkung	78,0	80,5

Versuchsreihe 2 b
Umfangsgeschwindigkeit 1,0 m/sec, Waschzeit Z = 8 min

Flottenverhältnis	1 : 25	1 : 20
% Reinigungswirkung	80,0	83,5

Für das Ansteigen und Wiederabfallen der Waschwirkung bei steigender Tendenz der Abriebskurve läßt sich folgende Erklärung finden: bei einem Flottenverhältnis von 1 : 25 stehen pro kg Trockenwäsche 25 l Waschmittellösung zur Verfügung. Die Wäsche kann gut in der Lauge schwimmen und kann dem Angriff des Bewegers gut ausweichen.

Wird ein Flottenverhältnis von 1 : 20 (20 l Waschlauge pro kg Trockenwäsche) angewendet, wird der Bewegungsraum der Wäsche innerhalb des Maschinenbottichs kleiner. Dies hat einen stärkeren Angriff des Bewegers auf die Wäsche und eine häufigere Reibung der einzelnen Wäscheteile aneinander zur Folge. Aus diesem Grund ist ein Anstieg des Flusenabriebs und eine Zunahme der Waschwirkung zu verzeichnen.

Sind pro kg Trockenwäsche nur 15 l Waschmittellösung vorhanden (Flottenverhältnis 1 : 15), sinkt der Laugenstand erheblich ab. Die Bewegungsfreiheit des Waschgutes wird geringer, so daß die Wäsche öfter und länger vom Rührer bearbeitet werden kann (Anstieg des Abriebs). Da aber gleichzeitig die Wäscheumwälzung beeinträchtigt wird, werden die am Beweger liegenden Wäscheteile einer stärkeren und entferntere Teile

---

9. s. Abbildung 13

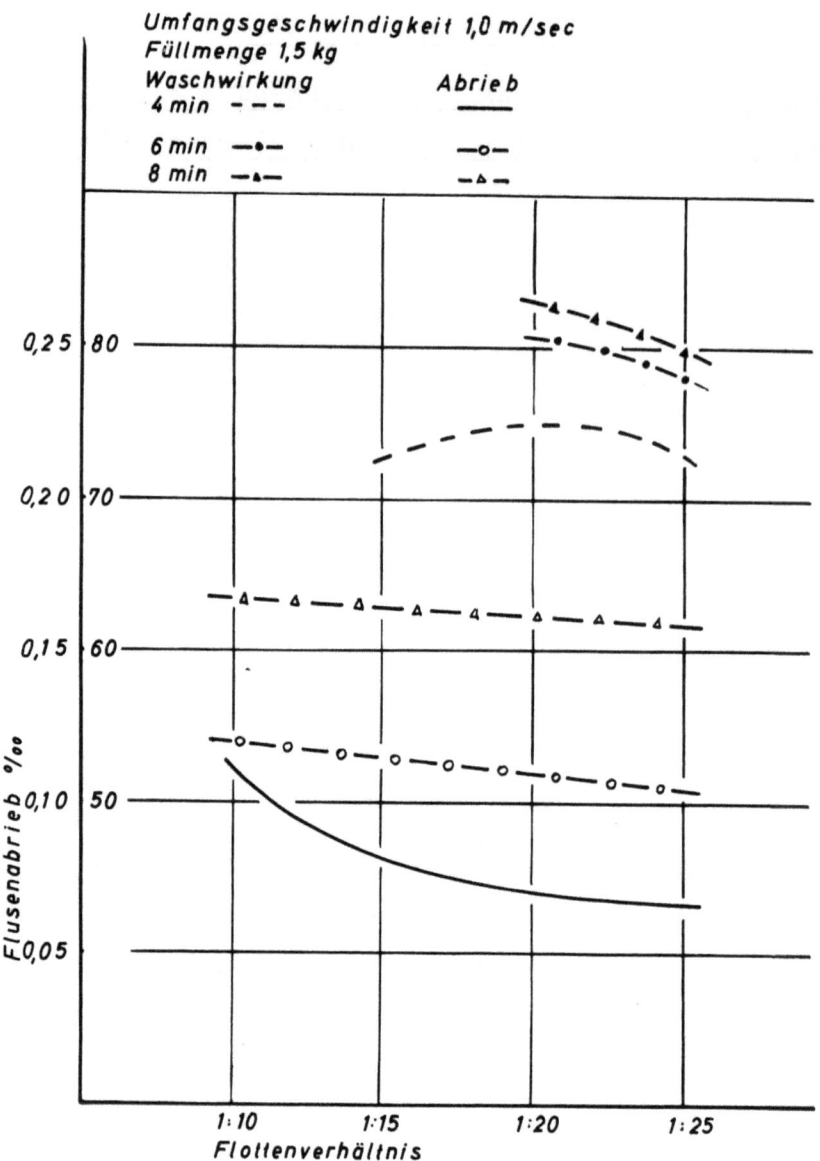

Abbildung 13

einer geringeren Mechanik ausgesetzt. Die Wäsche wird ungleichmäßig gewaschen, der Wascheffekt sinkt etwas ab.

Waschzeit 6 min: Beim Waschen im Flottenverhältnis von 1 : 25 zeigt sich ein noch nicht ausreichender Wascheffekt von 78. Wird auf ein Flottenverhältnis von 1 : 20 zurückgegangen, wird das Waschergebnis auf 80,5 gesteigert, was als genügend anzusehen ist.

Der Flusenabrieb ist beim Waschen im Flottenverhältnis 1 : 25 nur geringfügig niedriger als bei einer Flotte von 1 : 20.

Waschzeit 8 min: Hier liegt die Waschwirkung beim Waschen im Flottenverhältnis von 1 : 25 auf der gleichen Höhe wie beim Flottenverhältnis von 1 : 20 und 6 min Waschzeit. Es ist jedoch ein wesentlich höherer Abrieb zu verzeichnen. Wird im Flottenverhältnis von 1 : 20 gewaschen, steigt der Wascheffekt bei fast gleichbleibendem Flusenabrieb auf 83,5 an.

Abschließend kann gesagt werden, daß der günstigste Wascheffekt bei möglichster Faserschonung bei Anwendung einer Flotte von 1 : 20 und einer Waschzeit von 6 min erreicht werden kann (Umfangsgeschwindigkeit 1,0 m/sec). Eine Steigerung der Waschzeit auf 8 min führt zu einer zu starken Wäschebeanspruchung bei nur geringfügig besserem Wascheffekt. Der Grund hierfür ist wiederum in einer Erschöpfung der Waschmittel zu suchen (s. S. 20).

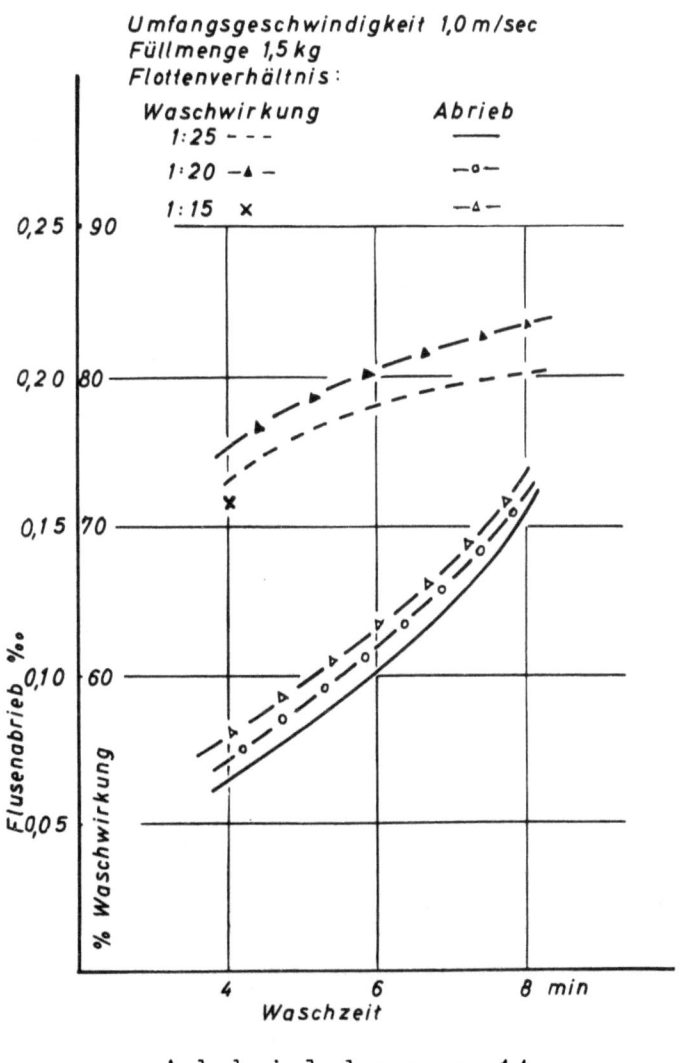

A b b i l d u n g   14

Trägt man die gefundenen Werte bei jeweils gleichem Flottenverhältnis mit steigender Waschzeit kurvenmäßig auf (s. Abb. 14), so ist sofort zu erkennen, daß vom Standpunkt der Wäscheschonung aus gesehen, die günstigste Waschwirkung beim Flottenverhältnis 1 : 20, bei einer Waschzeit von 6 min erreicht wird. Die Abriebswerte liegen sowohl beim Flottenverhältnis 1 : 20 als auch bei den Flottenverhältnissen 1 : 25 und 1 : 15 sowie einer Waschzeit von 4 und 6 min günstig. Ein Abweichen von dem für Maschinen dieser Bauart allgemein angewandten Flottenverhältnis von 1 : 20 macht sich hier nur in einem Absinken der Waschwirkung bemerkbar. Bei Verlängerung der Waschzeit auf 8 min tritt allerdings bei allen 3 Flottenverhältnissen eine erhebliche mechanische Beanspruchung der Wäsche ein.

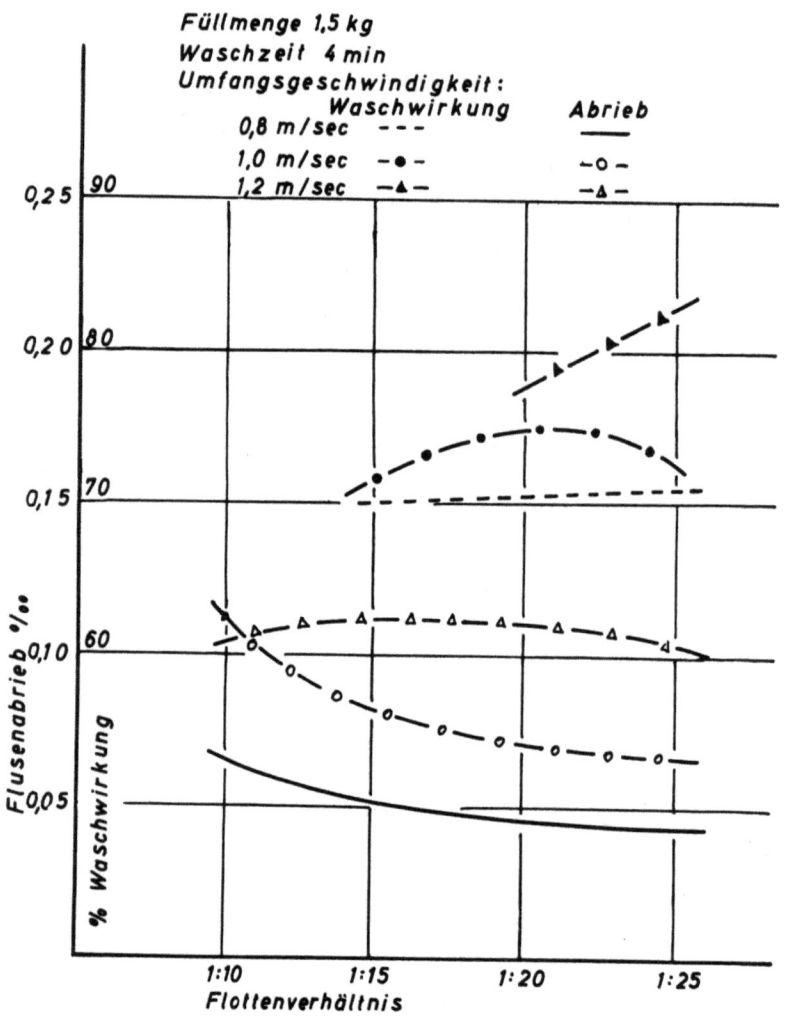

Abbildung 15

Tabelle 15[10)]

Änderung der Waschwirkung mit abnehmendem Flottenverhältnis
(Umfangsgeschwindigkeit U = 0,8 m/sec, Waschzeit Z = 4 min)

Flottenverhältnis	1 : 25	1 : 20	1 : 15
% Reinigungswirkung	71,0	70,5	70,0
Umfangsgeschwindigkeit U = 1,2 m/sec, Waschzeit Z = 4 min			
Flottenverhältnis	1 : 25	1 : 20	
% Reinigungswirkung	81,5	79,0	

Bei einer Umfangsgeschwindigkeit von 0,8 m/sec und einer Waschzeit von 4 min liegt beim Waschen in Flottenverhältnissen von 1 : 25 bis 1 : 15 der Wascheffekt in fast gleicher Höhe. Ebenfalls zeigt der Flusenabrieb in diesem Bereich die gleichen niedrigen Werte. Infolge der geringen Umfangsgeschwindigkeit geht die Wäscheumwälzung wesentlich langsamer vonstatten. Dadurch werden die unterschiedlichen Verhältnisse beim Waschen (längere und kürzere Flotte), die sich bei einer Umfangsgeschwindigkeit von 1,0 m/sec bemerkbar machten, weitgehendst ausgeglichen. Der erreichte Wascheffekt ist jedoch in allen Fällen noch nicht genügend.

Bei Erhöhung der Umfangsgeschwindigkeit auf 1,2 m/sec und Anwendung einer Waschzeit von 4 min liegen die Verhältnisse völlig anders. Die Wäscheumwälzung ist hier so rasch geworden, daß das Waschgut zum Erreichen eines guten Wascherfolges einen größeren Bewegungsraum benötigt. Bei einem Flottenverhältnis von 1 : 25 ist daher das Waschergebnis mit 81,5 besser als beim Flottenverhältnis von 1 : 20 mit 77. Der Flusenabrieb liegt bei Einhaltung der Waschzeit von 4 min trotz der hohen Umfangsgeschwindigkeit noch nicht zu hoch. Er zeigt in beiden Fällen praktisch den gleichen Wert und liegt in dem gleichen Bereich wie der Abrieb bei 1,0 m/sec Umfangsgeschwindigkeit und einer Waschzeit von 6 min.

---

10. s. Abbildung 15

Die Kurve, die sich bei Anwendung einer <u>Umfangsgeschwindigkeit von 1,0 m/sec und 4 min Waschzeit</u> beim Waschen mit verschiedenen Flottenverhältnissen ergibt, wurde bereits auf Seite 38 beschrieben. Das Waschergebnis reichte hier nicht aus.

Wie der Versuch D ergibt, kann der beste Wascherfolg entweder bei einer Umfangsgeschwindigkeit von 1,0 m/sec, 6 min Waschzeit und einem Flottenverhältnis von 1 : 20 oder einer Umfangsgeschwindigkeit von 1,2 m/sec, 4 min Waschzeit im Flottenverhältnis 1 : 25 erreicht werden. Wascherfolg und mechanische Beanspruchung der Wäsche sind in beiden Fällen gleich.

Um die Änderung der Umwälzgeschwindigkeit der Wäscheteile bei verschiedenen Umfangsgeschwindigkeiten und Flottenverhältnissen sichtbar zu machen, wurde bei Versuchsreihe 2, 2 c und 2 d bei jedem Versuch den Wäscheposten ein auffällig gefärbtes indanthrenfarbenes Wäscheteil beigegeben und die Umwälzung des Wäschestückes pro min gezählt. Das Ergebnis ist in der folgenden Zeichnung graphisch dargestellt (Abb. 16).

Es ist deutlich zu beobachten, daß bei einem Flottenverhältnis von 1 : 15 die Umwälzungsgeschwindigkeit der Wäscheteile nachläßt. Die Reibung der Wäsche aneinander wird jedoch merklich intensiver. Sonst entsprechen die Umwälzungsdiagramme im wesentlichen der erzielten Waschwirkung.

V e r s u c h s r e i h e   E

1. Untersuchung der mechanischen Wäschebeanspruchung in Abhängigkeit vom Füllgewicht

Mit dem Füllgewicht einer Waschmaschine bezeichnet man die Wäschemenge, die in einer Maschinenfüllung gewaschen werden kann. Es wird meistens die größtmöglichste Wäschemenge gewählt, die bei Anwendung des erforderlichen Flottenverhältnisses und laufendem Wäschebeweger gut im Maschinenbottich bewegt und umgewälzt werden kann.

Bei den nachfolgend beschriebenen Versuchen wurde das Füllgewicht jeweils von 2,0 kg bis 0,5 kg herabgesetzt. Das Flottenverhältnis blieb jedoch konstant. Es betrug in allen Fällen 1 : 20.

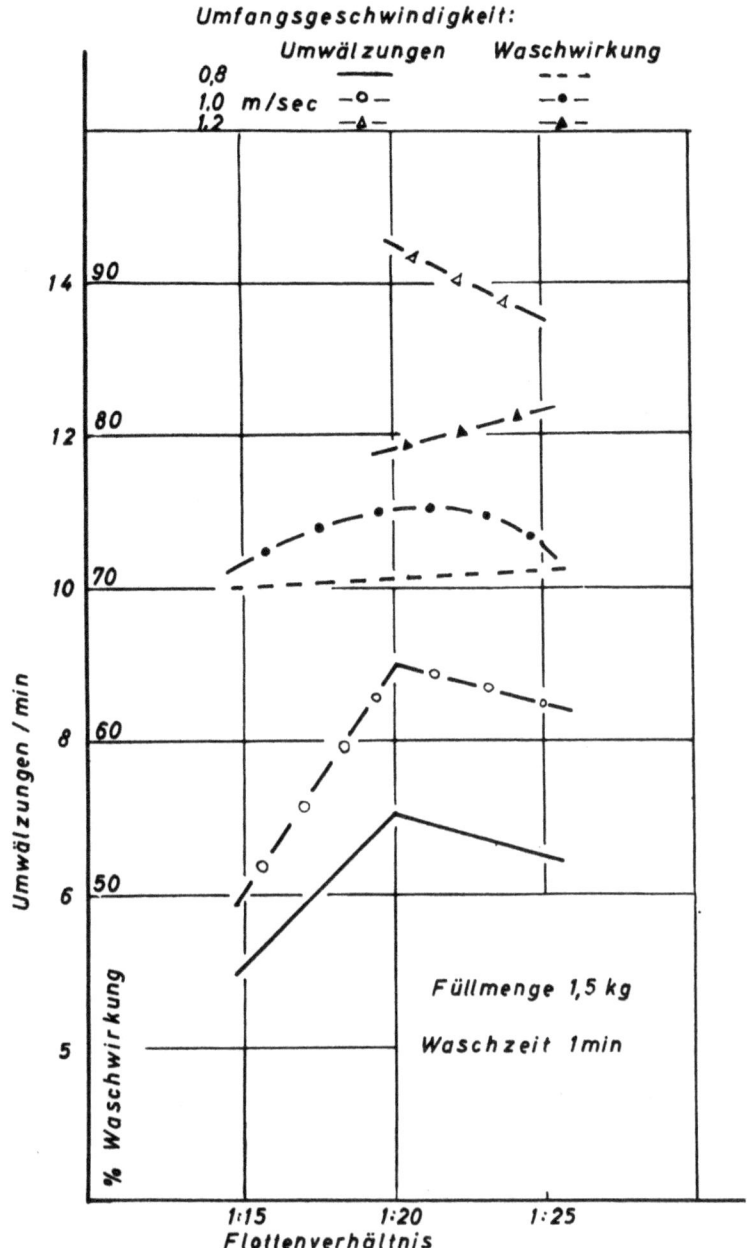

Abbildung 16

Versuchsbedingungen: Konstante Größen

Umfangsgeschwindigkeit:	1,0 m/sec
Flottenverhältnis:	1 : 20
Waschzeit:	4 min
Waschzahl:	10
Waschmittel:	1 g/l Seife
Temperatur:	80°C

<u>variabl Größen:</u>

Füllgewicht: 0,5, 1,0, 1,5, 2,0 kg Trockenwäsche

Waschlaugenmenge: 10, 20, 30, 40 l

Bezüglich des Flusenabriebs zeigten sich die gleichen Tendenzen wie in Versuchsreihe D: Zunahme des Flusenabriebs bei Abnahme der Waschlaugenmenge und dem damit verbundenen Sinken des Laugenstandes im Bottich.

T a b e l l e 16[11])

<u>Zunahme des Flusenabriebs mit abnehmendem Füllgewicht</u>

(Z = 4 min, U = 1,0 m/sec)

Füllgewicht kg Trw.	2,0	1,5	1,0	0,5
Waschlaugenmenge l	40	30	20	10
Abrieb g/kg Trw.	0,072	0,072	0,082	0,114
Zunahme g/kg Trw.	---		0,01	0,032

In Versuchsreihe D wurde mit konstanter Wäschemenge bei Änderung des Flottenverhältnisses gearbeitet. Nunmehr bleibt das Flottenverhältnis konstant, jedoch wird das Füllgewicht verändert. Beide Versuchsreihen haben ein allmähliches Absinken des Flottenstandes im Waschmaschinenbottich und eine dadurch bedingte Bewegungseinschränkung der Wäsche gemeinsam.

V e r s u c h s r e i h e 1 a u n d 1 b

In den Versuchsreihen 1 a und 1 b wurde der Versuch E 1 mit Waschzeiten von 6 und 8 min wiederholt, um festzustellen, in welchem Umfang bei einer Steigerung der Waschzeit Schädigungen der Wäsche eintreten können.

<u>Kurve 1 (Z = 4 min)</u>: Das Diagramm (Abb. 17) zeigt, wie bei dem entsprechenden Versuch in Versuchsreihe D, ein deutliches Ansteigen des Flusenabriebs mit abnehmender Füllmenge. Bei gleichem Flottenverhältnis ergibt sich bei einer Füllmenge von <u>2,0 und 1,5 kg</u> der gleiche Flusenabrieb, was beweist, daß die Wäsche in beiden Fällen genügend Flotte zur Verfügung hat, um dem Beweger ausweichen zu können. Es zeigte sich eine gute Wäschebewegung.

---

11. s. Abbildung 17

Tabelle 17[12]

Zunahme des Flusenabriebs mit abnehmendem Füllgewicht
(Z = 6 min)

Versuchsreihe 1 a, Z = 6 min				
Füllgewicht kg Trw.	2,0	1,5	1,0	0,5
Waschlaugenmenge l	40	30	20	10
Abrieb g/kg Trw.	0,10	0,11	0,115	0,12
Zunahme g/kg Trw.		0,01	0,005	0,005
Versuchsreihe 1 b , Z = 8 min				
Füllgewicht kg Trw.	2,0	1,5	1,0	0,5
Waschlaugenmenge l	40	30	20	10
Abrieb g/kg Trw.	0,153	0,163	0,155	0,147
Zunahme g/kg Trw.		+ 0,01	- 0,008	- 0,008

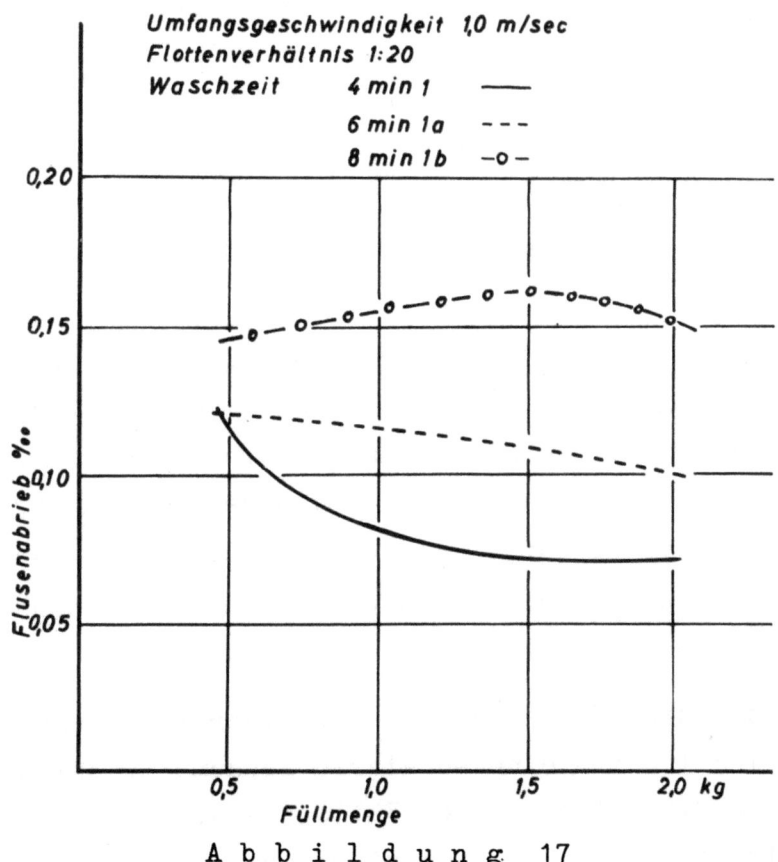

Abbildung 17

---

12. s. Abbildung 17

Bei einer Füllmenge von 1,0 kg Trockenwäsche steigt der Flusenabrieb an. Hier spielen die Form des Waschmaschinenbottichs (breit-niedrig, schmal-hoch) und die Form des Wäschebewegers eine ausschlaggebende Rolle. Mit dem Abnehmen des Füllgewichtes nimmt bei Anwendung des gleichen Flottenverhältnisses automatisch ebenfalls die Höhe des Laugenstandes ab. Die Wäsche hat weniger Bewegungsfreiheit und wird aus diesem Grunde öfter vom Beweger erfaßt und stärker mechanisch bearbeitet. Der Flusenabrieb der Wäsche steigt an. Bei diesem Versuch wurden bereits an den Rändern der Testwäsche Anscheuerungen festgestellt.

Bei einer Füllmenge von 0,5 kg Trockenwäsche war der Laugenstand in der Maschine so niedrig, daß die Wäsche praktisch nicht mehr schwimmen konnte. Die Abriebskurve steigt nunmehr steil an. Jetzt zeigen sich an der Testwäsche nicht nur Anscheuerungen, sondern bereits Lochbildungen an den Rändern. Bei Füllmengen von 2,0 und 1,5 kg Wäsche traten keinerlei Schäden auf.

Kurve 1 a (Z = 6 min): Entsprechend der um 2 min verlängerten Waschzeit liegen die Abriebswerte bei dieser Kurve allgemein höher. Bei Füllmengen von 2,0 und 1,5 kg liegt der Abrieb nicht mehr in gleicher Höhe wie es bei einer Waschzeit von 4 min der Fall war. Es wird hier deutlich, daß sich bereits eine Waschzeitverlängerung um einige Minuten bei einer mittleren Umfangsgeschwindigkeit selbst bei ausreichender Wäschebewegung auf die mechanische Beanspruchung des Waschgutes auswirken kann.

Bei Füllmengen von 1,0 und 0,5 kg Trockenwäsche tritt mit absinkendem Laugenstand in der Maschine in Verbindung mit der verlängerten Waschzeit ein stärkeres Verwickeln auf als in Versuchsreihe 1. Aus den bereits in Versuchsreihe D beschriebenen Gründen steigt der Flusenabrieb nicht so hoch an, wie es auf Grund der angewandten Mechanik erwartet werden müßte. Es traten wiederum Wäscheschäden in gleicher Art und Stärke wie bei einer Waschzeit von 4 min auf.

Bei den eben genannten Versuchen mit niedriger Füllmenge ergab sich bei Anwendung von 1 g/l Seife eine so starke Schaumentwicklung, daß die Seifenzugabe auf 0,5 g/l bei einer Füllmenge von 1,0 kg und auf 0,1 g/l bei einer Füllmenge von 0,5 kg reduziert werden mußte. Das Schaumbild zeigte nunmehr ein normales Aussehen.

<u>Kurve 1 b (Z = 8 min)</u>: Bei einer Füllmenge von <u>2,0 kg</u> Trockenwäsche ist bei Anwendung einer Waschzeit von <u>8 min</u> im Gegensatz zu einer Waschzeit von 4 min der Flusenabrieb um etwas mehr als das Doppelte angestiegen. Hier kommt also bei einer ausreichenden Wäschebewegung die Anwendung der doppelten Mechanik in einer Verdoppelung des Abriebswertes zum Ausdruck. Bei einer Füllmenge von <u>1,5 kg</u> Trockenwäsche wurde bereits infolge der verlängerten Waschzeit ein leichtes Verwickeln der Wäsche festgestellt. Die Kurve steigt hier um den gleichen Wert wie bei Kurve 1 a (Z = 6 min) an.

Bei weiterem Abnehmen der Füllmenge trat ein immer stärkeres Verwickeln der Wäsche ein, das die Wäschebewegung stark behinderte. Die Flusenwerte nehmen ab, und zwar linear mit zunehmendem Verwickeln. Auch diese Abriebswerte sind kein Maß für die angewandte Mechanik. Es traten zahlreiche Wäscheschädigungen der oben beschriebenen Art auf. Die Waschmittelmengen mußten wiederum reduziert werden.

Ganz allgemein kann gesagt werden, daß es nicht gleichgültig ist, wie hoch eine Maschine, selbst bei Einhaltung des vorgeschriebenen Flottenverhältnisses, beladen wird. Es ist notwendig, das Füllgewicht nur so hoch anzusetzen, daß eine ausreichende Wäschebewegung gewährleistet ist (es muß genügend Flotte im Bottich vorhanden sein), andernfalls tritt eine erhöhte mechanische Beanspruchung der Wäsche ein, die zu Schädigungen führt.

Betrachtet man die gefundenen Abriebswerte bei jeweils gleicher Füllmenge und gleichem Flottenverhältnis, jedoch bei steigender Waschzeit, ergibt sich folgendes Bild (s. Tab. 18, S. 45).

Bei einer Füllmenge von <u>2,0 und 1,5 kg</u> Trockenwäsche zeigt sich bei zunehmender Waschzeit ein stärker ansteigender Flusenabrieb, wobei aus dem Diagramm (Abb. 18) deutlich zu ersehen ist, daß bei Waschzeiten über 4 min beim Arbeiten mit 1,5 kg Trockenwäsche im gleichen Flottenverhältnis durch den zwangsläufig bedingten, etwas niedrigeren Wasserstand in der Maschine die Bearbeitung der Wäsche intensiver wird. Bei Anwendung von <u>1,0 kg</u> Trockenwäsche wird mit fortschreitender Mechanik durch das schon beschriebene Verwickeln der Wäsche die Zunahme des Flusenabriebs geringer. Ebenfalls ist dies deutlich durch das Flacherwerden der Abriebskurve bei einer Füllmenge von <u>0,5 kg</u> Trockenwäsche ersichtlich.

Tabelle 18[13)]

Änderung des Flusenabriebs bei gleicher Füllmenge und gleichem Flottenverhältnis bei steigender Waschzeit
(U = 1,0 m/sec, Flotte 1 : 20)

Wasch-zeit min	Füllmenge kg/Trw.							
	2,0		1,5		1,0		0,5	
	Abrieb g/kg Trw.	Zunahme g/kg Trw.	Abrieb g/kg Trw.	Zunahme g/kg Trw.	Abrieb g/kg Trw.	Zunahme g/kg Trw.	Abrieb g/kg Trw.	Zunahme g/kg Trw.
4	0,072		0,072		0,082		0,114	
		—0,028—		—0,038—		—0,033—		—0,006—
6	0,100		0,110		0,115		0,120	
		—0,053—		—0,053—		—0,040—		—0,026—
8	0,153		0,163		0,155		0,146	

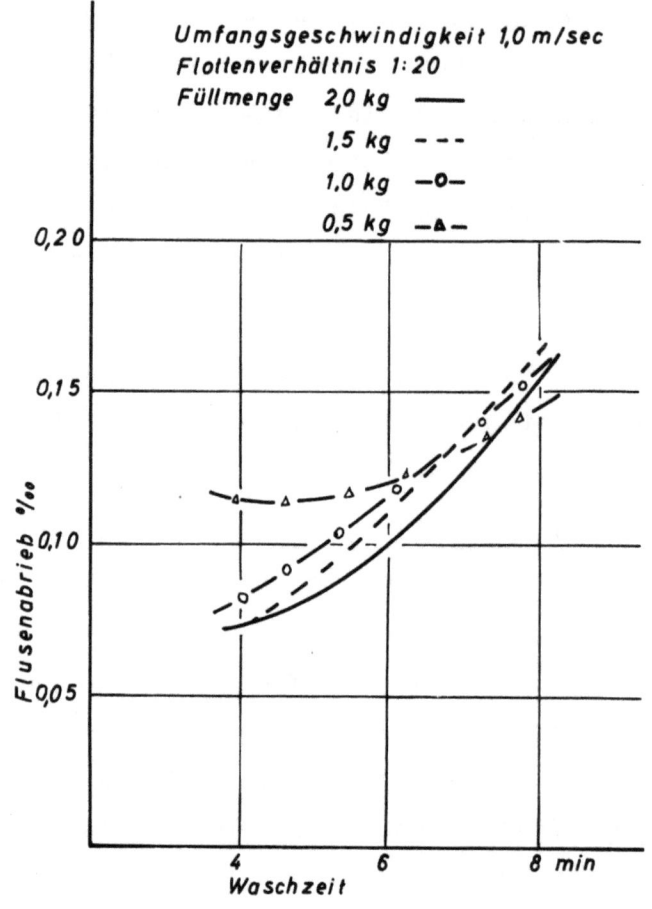

Abbildung 18

---

13. s. Abbildung 18

Versuchsreihe 1 c und 1 d

In den Versuchsreihen 1 c = U = 0,8 m/sec
1 d = U = 1,2 m/sec

wurde bei Einhaltung einer konstanten Waschzeit von Z = 4 min analog den Versuchsreihen D 1 c und d (S. 30) die Mechanik durch Variieren der Umfangsgeschwindigkeit verändert.

Tabelle 19[14]

Änderung des Flusenabriebs mit abnehmendem Füllgewicht
(U = 0,8 m/sec, Z = 4 min)

Versuchsreihe 1 c, U = 0,8 m/sec				
Füllgewicht kg Trw.	2,0	1,5	1,0	0,5
Waschlaugenmenge l	40	30	20	10
Abrieb g/kg Trw.	0,047	0,047	0,064	0,08
Zunahme g/kg Trw.	---		0,017	0,016
Versuchsreihe 1 d, U = 1,2 m/sec				
Füllgewicht kg Trw.	2,0	1,5	1,0	0,5
Waschlaugenmenge l	40	30	20	10
Abrieb g/kg Trw.	0,10	0,11	0,127	0,132
Zunahme g/kg Trw.		0,01	0,017	0,005

Im Vergleich mit der Kurve 1, die bei einer Umfangsgeschwindigkeit von U = 1,0 m/sec und einer Waschzeit von Z = 4 min bei abnehmendem Füllgewicht gefahren wurde, zeigt die Kurve 1 c bei einem Füllgewicht von 2,0 und 1,5 kg Trockenwäsche und einem Flottenverhältnis von 1 : 20 sowie einer Umfangsgeschwindigkeit von U = 0,8 m/sec und gleicher Waschzeit ebenfalls gleiche Abriebswerte. Der Flusenabrieb steigt dann mit abnehmendem Füllgewicht linear an. In dieser Versuchsreihe traten auch bei einem Füllgewicht von 0,5 kg Trockenwäsche infolge der relativ geringen Mechanik keine Wäscheschädigungen auf.

---

14. s. Abbildung 19

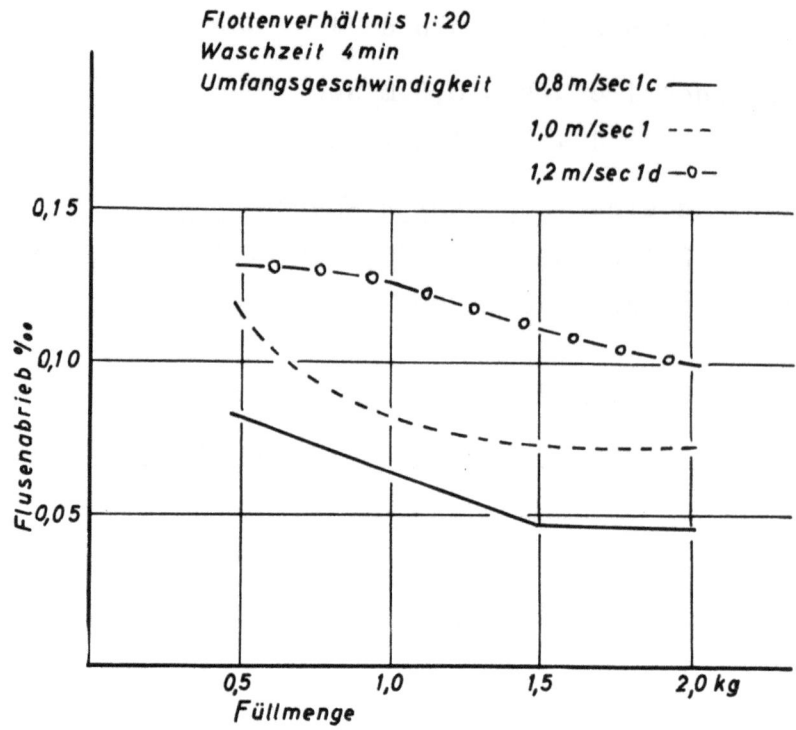

A b b i l d u n g 19

Bei einer Umfangsgeschwindigkeit von U = 1,2 m/sec steigt bei sonst gleichen Versuchsbedingungen der Flusenabrieb bei Senkung der Füllmenge von 2,0 auf 1,5 kg Trockenwäsche deutlich an (Kurve 1 d). Durch die stark erhöhte Umfangsgeschwindigkeit wird die Wäsche sehr schnell bewegt, so daß sich schon hier bei ausreichender Waschlaugenmenge eine stärkere Mechanik bemerkbar macht. Es traten bereits Wäscheschädigungen - nicht nur Anscheuerungen der Testwäscheränder, sondern Lochbildungen - auf.

Bei einer Füllmenge von 1,0 kg Wäsche steigt der Abrieb im Verhältnis zu der eingesetzten starken Mechanik nur minimal an. Hier wurde wie in Versuchsreihe D 1 d (S. 30) beobachtet, daß nur die Wäscheteile dicht am Beweger von diesem erfaßt werden, während die andere Wäsche nur wenig oder garnicht bewegt wurde. Die mechanische Bearbeitung der am Beweger liegenden Wäsche war daher um so intensiver. Der verhältnismäßig geringe Flusenabrieb ist also durch die unzureichende Wäschebewegung hervorgerufen worden. Auch hier traten Wäscheschäden auf, die jedoch aus den oben beschriebenen Gründen nicht so zahlreich waren.

Bei einer Wäschemenge von 0,5 kg wurde die Wäschebewegung noch mehr eingeschränkt. Der Wäschebeweger wurde infolge der hohen Umfangsgeschwindigkeit, der geringen Füllmenge und des niedrigen Wasserstandes während des Waschens hochgehoben. Einige Wäscheteile gerieten hierbei unter den Bewegerteller und wurden örtlich stark geschädigt. Der Flusenabrieb stieg infolge des Verwickelns nur geringfügig an. Die Untersuchungsergebnisse bei 1,0 und 0,5 kg Trockenwäsche entsprechen nicht der angewandten Mechanik. Die Waschmittelmenge mußte wegen starker Schaumbildung hier ebenfalls verringert werden.

Auch diese Versuche zeigen deutlich, daß trotz ausreichendem Flottenverhältnis zum schonenden Waschen eine ganz bestimmte Mindestfüllmenge nicht unterschritten werden darf.

Tabelle 20[15]

Zunahme des Flusenabriebs bei konstantem Füllgewicht und steigender Umfangsgeschwindigkeit (Z = 4 min, Flotte = 1 : 20)

Umfangs-geschwin-digkeit m/sec	Füllmenge kg Trw.			
	2,0	1,5	1,0	0,5
	Abrieb Zunahme g/kg Trw.	Abrieb Zunahme g/kg Trw.	Abrieb Zunahme g/kg Trw.	Abrieb Zunahme g/kg Trw.
0,8	0,047	0,047	0,064	0,080
	—— 0,025 ——	—— 0,025 ——	—— 0,018 ——	—— 0,034 ——
1,0	0,072	0,072	0,082	0,114
	—— 0,028 ——	—— 0,038 ——	—— 0,045 ——	—— 0,018 ——
1,2	0,10	0,11	0,127	0,132

Bei einer Füllmenge von 2,0 kg Trockenwäsche (s. Abb. 20) ist bei steigender Umfangsgeschwindigkeit ein linearer Anstieg des Abriebs festzustellen. Daraus ist zu erkennen, daß die Wäsche ausreichende Bewegungsfreiheit im Waschmaschinenbottich hat, und die Mechanik sich voll auswirken kann.

Bei einer Füllmenge von 1,5 kg verläuft die Kurve bis zu einer Umfangsgeschwindigkeit von 1,0 m/sec gleich, um dann bei einer Umfangsge-

---

15. s. Abbildung 20

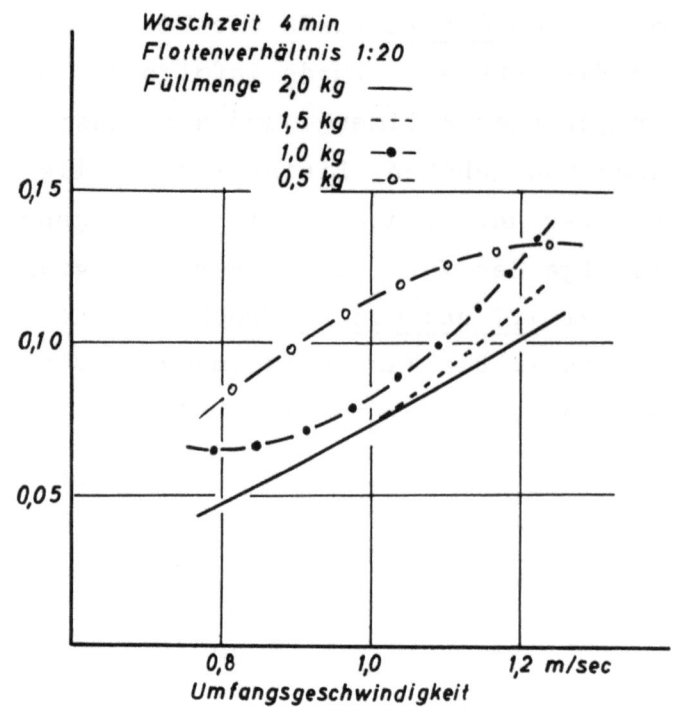

Abbildung 20

schwindigkeit von 1,2 m/sec steiler anzusteigen. Bei dieser hohen Umfangsgeschwindigkeit macht sich die Einschränkung des Bewegungsraumes der Wäsche beim Waschen mit geringerer Füllmenge und gleichbleibendem Flottenverhältnis bemerkbar.

Beträgt die Füllung nur 1,0 kg Trockenwäsche, liegt schon bei einer niedrigen Umfangsgeschwindigkeit von 0,8 m/sec der Abrieb höher als bei einer Füllmenge von 1,5 kg Trockenwäsche. Die Kurve verläuft fast parallel der Kurve, die sich beim Füllgewicht von 1,5 kg ergab.

Bei einer Füllmenge von 0,5 kg Trockenwäsche sieht man deutlich, daß die Wäschebewegung bei einer Umfangsgeschwindigkeit von 1,2 m/sec stark durch die mangelhafte Wäschebewegung beeinträchtigt wird. Der Abrieb liegt hier nur geringfügig höher als beim Füllgewicht von 1,0 kg.

2. Untersuchung der Waschwirkung in Abhängigkeit vom Füllgewicht

Die in Versuchsreihe E durchgeführten Versuche zur Bestimmung der mechanischen Beanspruchung der Wäsche bei Änderung des Füllgewichtes unter Einhaltung eines Flottenverhältnisses von 1 : 20 wurde in 5 Versuchsreihen aufgeteilt. Analog dazu wurden zur Prüfung der Waschwirkung folgende Versuche durchgeführt:

Serie 2 : Umfangsgeschwindigkeit 1,0 m/sec, Waschzeit 4 min
Serie 2 a: Umfangsgeschwindigkeit 1,0 m/sec, Waschzeit 6 min
Serie 2 b: Umfangsgeschwindigkeit 1,0 m/sec, Waschzeit 8 min
Serie 2 c: Umfangsgeschwindigkeit 0,8 m/sec, Waschzeit 4 min
Serie 2 d: Umfangsgeschwindigkeit 1,2 m/sec, Waschzeit 4 min

Sämtliche Versuche für die Waschwirkung wurden mit Füllmengen von 1,5 und 2,0 kg Trockenwäsche durchgeführt. Die Anwendung einer niedrigeren Füllmenge erschien nicht angezeigt, da sich bei den Abriebsversuchen herausgestellt hatte, daß bei einer Umfangsgeschwindigkeit von 1,0 m/sec und einer Füllmenge von 1,0 kg Trockenwäsche beim Waschen im Flottenverhältnis von 1 : 20 schon Schädigungen an der Testwäsche auftraten.

Versuchsreihe 2, 2 a und 2 b

Tabelle 21[16]

Änderung der Waschwirkung mit abnehmendem Füllgewicht
(Umfangsgeschwindigkeit U = 1,0 m/sec)

Füllmenge kg	2,0	1,5
Waschzeit 4 min % Reinigungswirkung	73,0	75,0
Waschzeit 6 min % Reinigungswirkung	78,0	80,5
Waschzeit 8 min % Reinigungswirkung	80,0	83,5

Die Kurven (s. Abb. 21) für den Abrieb und die Waschwirkung bei Füllmengen von 1,5 kg und 2,0 kg Trockenwäsche bei gleichbleibendem Flottenverhältnis von 1 : 20 und zunehmender Waschzeit von 4 bis 8 min zeigen die gleichen Tendenzen. Es ist deutlich zu ersehen, daß bei Anwendung einer Füllmenge von 2,0 kg der Flusenabrieb und auch die Waschwirkung etwas geringer werden.

---

16. s. Abbildung 21

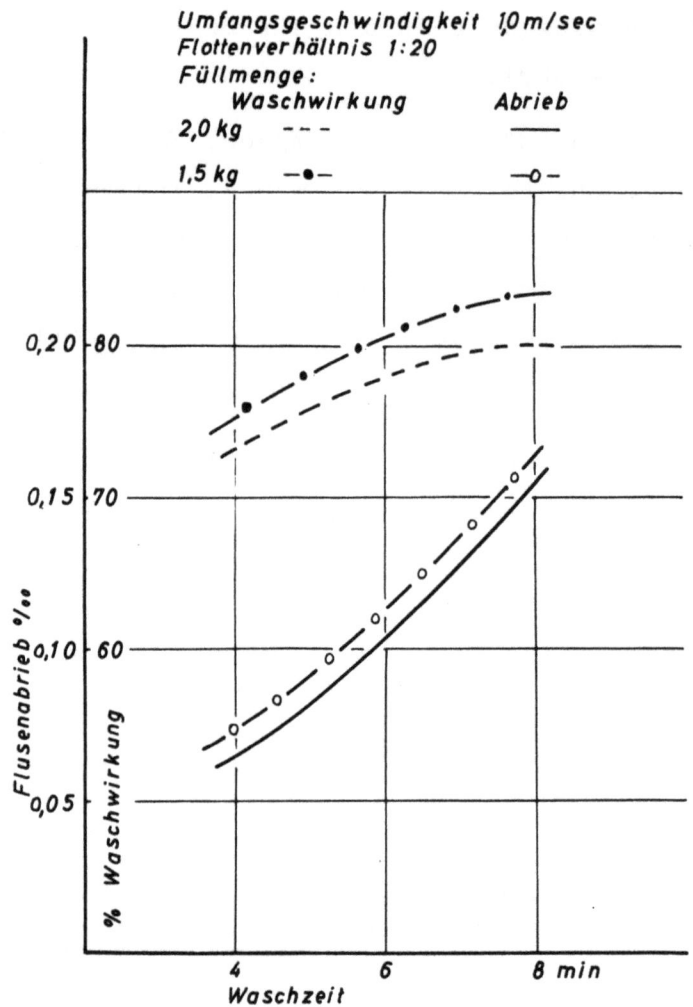

Abbildung 21

Dies hängt ursächlich mit der Steigerung der Laugenstandshöhe zusammen. Bei der vorliegenden Maschine nimmt die Höhe des Laugenstandes beim Waschen mit einer Füllmenge von 2,0 kg gegenüber einer Wäschemenge von 1,5 kg im gleichen Flottenverhältnis (1 : 20) um ca. 7 cm zu (Zunahme der Waschlaugenmenge um 10 l). Die Wäscheteile müssen also bei <u>einer</u> Umwälzung einen größeren Weg zurücklegen. Die Anzahl der Wäscheumwälzungen in einer bestimmten Zeiteinheit (4, 6 und 8 min) nimmt also ab. Hierdurch wird die Mechanik und damit auch die Waschwirkung vermindert.

Bei einer <u>Waschzeit von 4 min</u> (U = 1,0 m/sec) ist der Reinigungseffekt mit 73 und 75 in beiden Fällen noch nicht ausreichend. Die Mechanik ist relativ gering, was durch die niedrigen Abriebswerte zum Ausdruck kommt.

Wird eine Waschzeit von 6 min angewendet, zeigt sich bei 1,5 kg Trockenwäsche eine ausreichende Waschwirkung von 80,5 bei mittlerem Flusenabrieb.

Bei einer Maschinenfüllung von 2,0 kg liegt der Reinigungseffekt mit 78 noch an der unteren Grenze.

Eine Steigerung der Waschzeit auf 8 min ergibt in beiden Fällen eine ausreichende Waschwirkung. Bei 1,5 kg sind es 83,5, bei 2,0 kg 80. Der Flusenabrieb steigt hier jedoch sehr stark an. Von dem Standpunkt der Wäscheschonung aus gesehen ist die Anwendung einer Waschzeit von 8 min nicht anzuraten.

Es zeigt sich also, daß beim Überladen einer Rührwerkwaschmaschine die Mechanik geringer wird, wodurch der Wascheffekt beeinträchtigt wird. Beim Unterladen tritt eine erhöhte Mechanik und damit die Gefahr einer verstärkten Wäschebeanspruchung und einer örtlichen Wäscheschädigung auf.

Beim Vergleich der gefundenen Werte im Hinblick auf die Änderung der Waschwirkung und der Wäschebeanspruchung bei abnehmendem Füllgewicht, gleichem Flottenverhältnis (1 : 20), gleicher Umfangsgeschwindigkeit (1,0 m/sec) und jeweils verschiedenen Waschzeiten von 4, 6 und 8 min (Abb. 22) zeigt sich deutlich der bereits beschriebene Abfall der Waschwirkung und des Abriebs bei Steigerung des Füllgewichtes von 1,5 auf 2,0 kg Trockenwäsche.

Die Diagramme (Abb. 23) zeigen deutlich, daß bei gleichbleibender Waschzeit von 4 min und konstantem Flottenverhältnis von 1 : 20 mit zunehmender Umfangsgeschwindigkeit ebenfalls eine geringe Differenz zwischen den Abriebswerten und der Waschwirkung bei Füllmengen von 1,5 und 2,0 kg besteht. Auch hier zeigen sich beim Waschen von 1,5 kg Trockenwäsche höhere Werte als bei der Verwendung von 2,0 kg.

Wie bereits beschrieben (S. 51) wirkt sich hier ebenfalls die größere Zahl der Umwälzungen und die damit verbundene, intensivere Reibung der einzelnen Wäscheteile aneinander aus.

Im Gegensatz zu den Versuchen 2, 2 a und 2 b (S. 51), bei denen teilweise eine ausreichende Waschwirkung gefunden wurde, liegen hier die Werte für die Waschwirkung allgemein zu niedrig. Die Waschzeit von nur 4 min genügt bei allen drei Umfangsgeschwindigkeiten nicht, stark verschmutzte Wäscheteile sauber zu waschen.

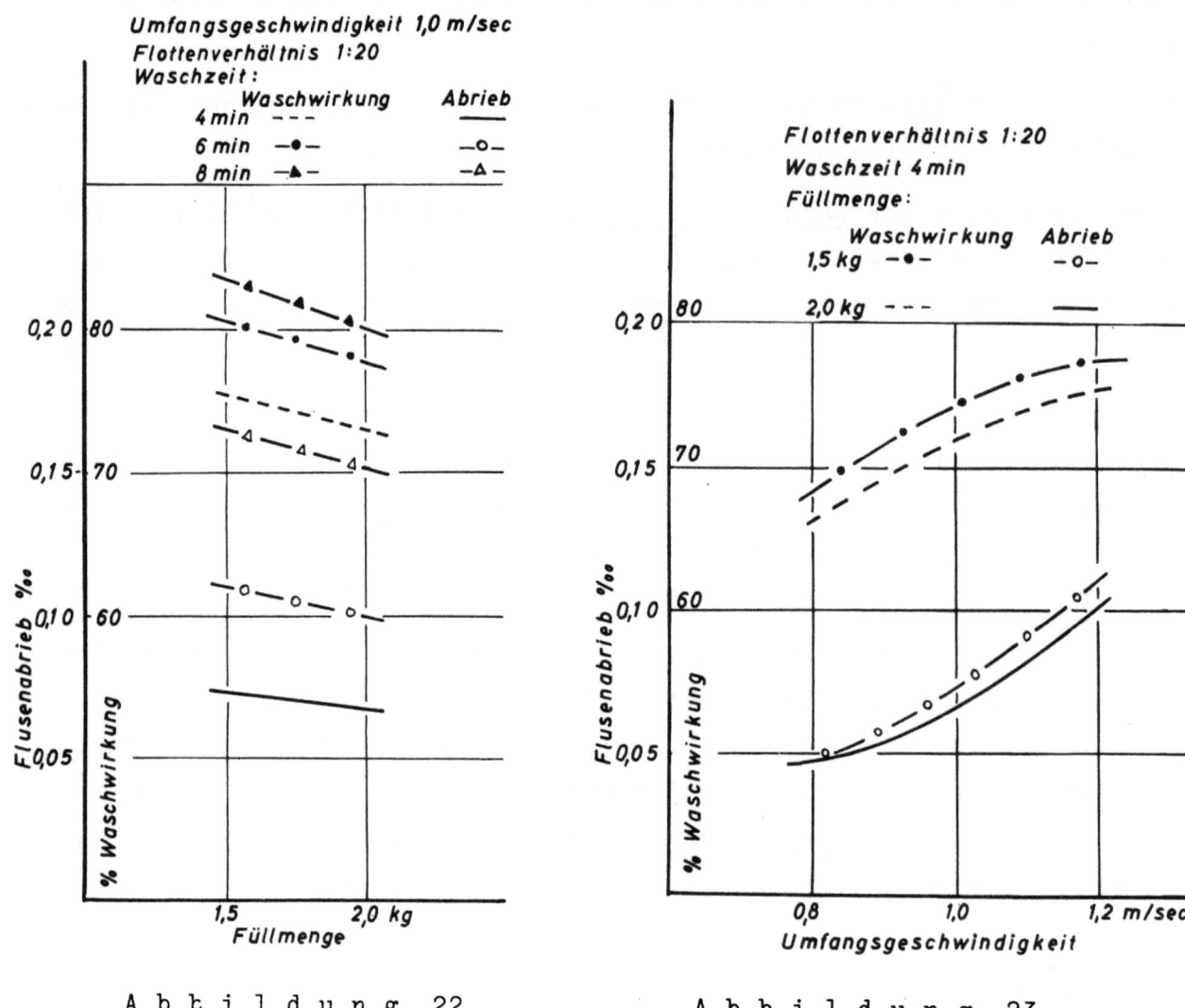

Abbildung 22   Abbildung 23

Tabelle 22[17])

Änderung der Waschwirkung mit abnehmendem Füllgewicht

Versuchsreihe 2 c und 2 d, Z = 4 min

Füllmenge	2,0	1,5
Umfangsgeschwindigkeit U = 0,8 m/sec		
% Reinigungswirkung	66,0	68,0
Umfangsgeschwindigkeit U = 1,2 m/sec		
% Reinigungswirkung	75,5	77,0

---

17. s. Abbildung 23

Die niedrig verlaufenden Kurven für den Flusenabrieb entsprechen der zu geringen Mechanik.

Vergleicht man die gefundenen Werte (Abb. 24) bei jeweils gleicher Umfangsgeschwindigkeit und zunehmendem Füllgewicht untereinander, wird deutlich, daß der Unterschied zwischen einer Füllmenge von 1,5 und 2,0 kg sowohl beim Faserabrieb als auch bei der Waschwirkung sehr gering ist.

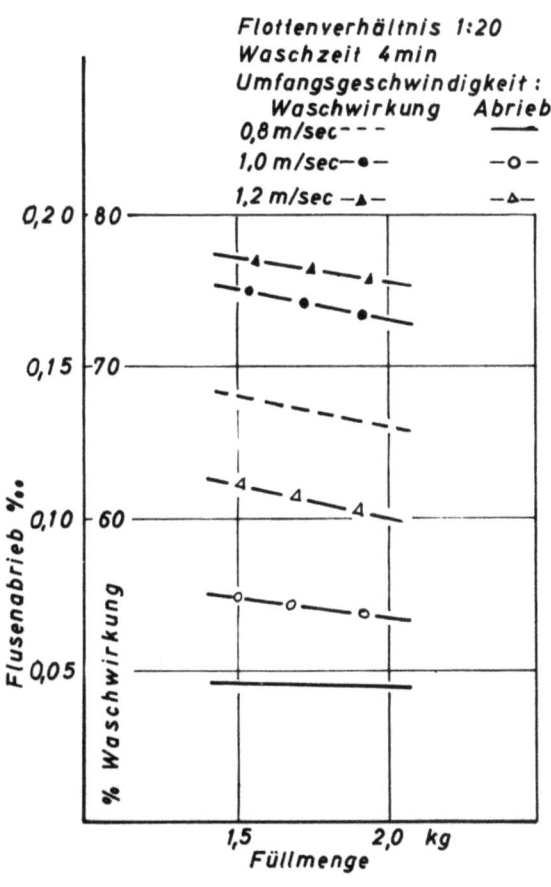

Abbildung 24

V. Zusammenfassung

In der vorliegenden Arbeit wurde die Abhängigkeit der mechanischen Wäschebeanspruchung (Flusenabrieb) und der Waschwirkung bei Veränderung der zum Betrieb einer Rührwerkwaschmaschine notwendigen Faktoren wie Umfangsgeschwindigkeit, Waschzeit, Flottenverhältnis und Füllmenge untersucht.

Bei den Versuchen mit verschiedenen <u>Umfangsgeschwindigkeiten</u> bei gleichbleibender Waschzeit zeigte es sich, daß der Flusenabrieb und die Waschwirkung mit steigender Mechanik zunehmen. Diese Zunahme erfolgt jedoch nicht linear. Es ist deutlich festzustellen, daß beim Überschreiten einer mittleren Umfangsgeschwindigkeit von 1,0 m/sec ein stärkerer Anstieg des Abriebs erfolgt, während die Waschwirkung nur noch eine geringe Zunahme zeigt. Durch das Auftreten eines stärkeren Verwickelns des Waschgutes bei höheren Umfangsgeschwindigkeiten wird der Wascheffekt beeinträchtigt. Es zeigt sich somit, daß eine Umfangsgeschwindigkeit von 1,0 m/sec im Interesse der Wäscheschonung möglichst nicht überschritten werden sollte.

Wird die Umfangsgeschwindigkeit jeweils konstant gehalten und die <u>Waschzeit</u> gesteigert, zeigt sich ebenfalls eine Zunahme des Flusenabriebs sowie der Waschwirkung. Der Flusenabrieb steigt je nach Höhe der Umfangsgeschwindigkeit mehr oder weniger steil an, während die Kurven für die Waschwirkung parallel verlaufen. Auch hier nimmt der Wascheffekt mit steigender Mechanik nicht kontinuierlich zu. Bei Waschzeiten über 6 min ist nur noch eine geringfügige Zunahme des Wascheffektes zu erzielen. Der Abrieb steigt jedoch, der verstärkten Mechanik entsprechend, höher an. Der geringe Anstieg der Waschwirkung ist bei dem angewandten Waschverfahren auf eine Erschöpfung der Waschmittellösung zurückzuführen.

Die Lösung des Schmutzes von der Faser geht beim Waschen unter den genannten Bedingungen in 3 Phasen (s. Abb. 25) vor sich:

1. Phase: Lockerung und Auswaschen des an der Wäscheoberfläche sitzenden groben Schmutzes.
2. Phase: Auswaschen des feineren fester haftenden Schmutzes
3. Phase: Auswaschen des schwierig entfernbaren Restschmutzes.

Der beste Wascheffekt bei größtmöglicher Faserschonung konnte bei einer Umfangsgeschwindigkeit von 1,0 m/sec und einer Waschzeit von 6 min erzielt werden.

Das gleiche Waschergebnis fand sich bei 1,2 m/sec Umfangsgeschwindigkeit und 4 min Waschzeit. Es besteht jedoch bei Anwendung der höheren Umfangsgeschwindigkeit die Gefahr der Wäscheschädigung bei nur geringem Überschreiten der ermittelten Waschzeit.

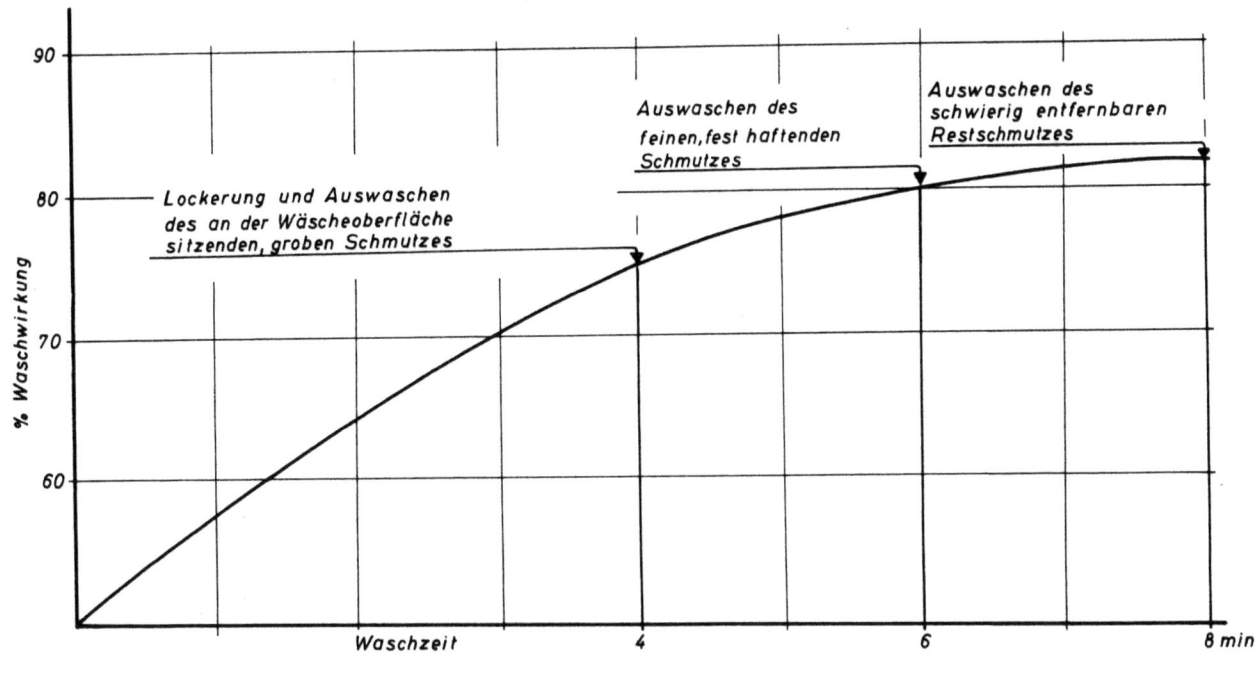

Abbildung 25

Wie aus den beschriebenen Ergebnissen deutlich hervorgeht, sind Waschwirkung und Faserabrieb ein Produkt aus Waschzeit und Umfangsgeschwindigkeit, wenn auch beide Werte nicht parallel verlaufen.

Mit steigender Anzahl der Wäschen nimmt der Flusenabrieb zunächst (bis zur 50. Wäsche) linear zu. Bei weiterer Steigerung der Waschzahl wird der Abrieb dann etwas geringer. Dies dürfte durch das allmähliche Geringerwerden der aus der Gewebeoberfläche herausragenden Faserenden zu erklären sein.

Die mechanische Wäschebeanspruchung bei unterschiedlichem Flottenverhältnis oder unterschiedlichen Füllgewichten bei gleichbleibendem Flottenverhältnis ist abhängig von der Höhe des Laugenstandes im Bottich. Bei abnehmendem Laugenstand wird der Waschweg, das ist der Weg, den ein Wäscheteil bei einer Umwälzung zurücklegt, geringer. Die Anzahl der Umwälzungen pro Minute und damit die Reibung des Waschgutes aneinander wird intensiver.

Wird jedoch eine hohe Umfangsgeschwindigkeit über 1,0 m/sec eingesetzt, ist eine längere Flotte von 1 : 25 erforderlich, um der Wäsche eine ausreichende Bewegungsfreiheit zu geben.

Beim Waschen mit unterschiedlichem Flottenverhältnis wurden die günstigsten Ergebnisse entweder bei

    1,0 m/sec Umfangsgeschwindigkeit, 6 min Waschzeit im

    Flottenverhältnis 1 : 20

oder bei

    1,2 m/sec Umfangsgeschwindigkeit, 4 min Waschzeit im

    Flottenverhältnis 1 : 25 erzielt.

Für die Versuchsmaschine erwies sich ein <u>Füllgewicht</u> von 1,5 kg Trockenwäsche als richtig. Beim Überladen mit 2,0 kg wurde selbst bei ausreichendem Flottenverhältnis ein Abfall der Reinigungswirkung beobachtet.

In der abschließenden Tabelle sind die Ergebnisse unter Angabe der ermittelten Bestwerte nochmals zusammengefaßt:

<u>T a b e l l e 23</u>

	Umfangsgeschw.	Waschzeit	Flotte	Füllmenge
Versuchsreihe A (Umfangsgeschw.)	<u>1,0 m/sec</u>	4 min	1 : 20	1,5 kg
Versuchsreihe B (Waschzeit)	1,0 m/sec	<u>6 min</u>	1 : 20	1,5 kg
Versuchsreihe D (Flottenverhältn.)	1,0 m/sec 1,2 m/sec	6 min 4 min	<u>1 : 20</u> <u>1 : 25</u>	1,5 kg 1,5 kg
Versuchsreihe D (Füllgewicht)	1,0 m/sec	6 min	1 : 20	<u>1,5 kg</u>

Literaturverzeichnis

[1] SCHMIDT, H.   Einfluß von Umfangsgeschwindigkeit, Füllungsverhältnis, Flottenverhältnis, Waschzeit, Rippenzahl, -form und -höhe, auf Waschwirkung und Faserabrieb in einer Trommelwaschmaschine.
Wäscherei-technik und -chemie 1957, Heft 7, Seite 500-504

[2] SCHMIDT, H.   Über den Einfluß der Wäschebewegung auf Waschwirkung und Faserabrieb in einer Trommelwaschmaschine von 750 mm Durchmesser.
Wäscherei-technik und -chemie 1958, Heft 4, Seite 224-232

[3] SCHMIDT, H.   Untersuchung über die mechanische Wäschebeanspruchung in Haushaltwaschmaschinen.
Hauswirtschaft und Volksernährung 1954, Verlag J. Böhmer, Berlin-Lichterfelde

[4] VIERTEL, O. und Susanne LUCAS   Vergleichsuntersuchungen von Haushaltwaschmaschinentypen.
Forschungsbericht des Bundesministeriums für Ernährung, Landwirtschaft und Forsten, Bonn.
Landwirtschaftsverlag GmbH., Hiltrup bei Münster/Westf.

FORSCHUNGSBERICHTE DES LANDES NORDRHEIN-WESTFALEN

Herausgegeben durch das Kultusministerium

FASERFORSCHUNG · TEXTILTECHNIK · WÄSCHEREIFORSCHUNG

HEFT 3
Techn.-Wissenschaftl. Büro für die Bastfaserindustrie, Bielefeld
Untersuchungsarbeiten zur Verbesserung des Leinenwebstuhls I
1952, 44 Seiten, 7 Abb., 3 Tabellen, DM 12,50

HEFT 9
Techn.-Wissenschaftl. Büro für die Bastfaserindustrie, Bielefeld
Untersuchungen über die zweckmäßige Wicklungsart von Leinengarnkreuzspulen unter Berücksichtigung der Anwendung hoher Geschwindigkeiten des Garnes
Vorversuche für Zetteln und Schären von Leinengarnen auf Hochleistungsmaschinen
1952, 48 Seiten, 7 Abb., 7 Tabellen, DM 9,25

HEFT 13
Techn.-Wissenschaftl. Büro für die Bastfaserindustrie, Bielefeld
Das Naßspinnen von Bastfasergarnen mit chemischen Zusätzen zum Spinnbad
1953, 52 Seiten, 4 Abb., 19 Tabellen, DM 10,—

HEFT 15
Wäschereiforschung Krefeld
Trocknen von Wäschestoffen. I. Lufttrocknung: Untersuchungen an Tumblern
1953, 40 Seiten, 14 Abb., 2 Tabellen, DM 9,—

HEFT 17
Ingenieurbüro Herbert Stein, M.-Gladbach
Untersuchung der Verzugsvorgänge in den Streckwerken verschiedener Spinnereimaschinen. 1. Bericht: Vergleichende Prüfung mit verschiedenen Dickenmeßgeräten
1952, 36 Seiten, 15 Abb., DM 8,—

HEFT 18
Wäschereiforschung Krefeld
Grundlagen zur Erfassung der chemischen Schädigung beim Waschen
1953, 68 Seiten, 15 Abb., 15 Tabellen, DM 12,75

HEFT 19
Techn.-Wissenschaftl. Büro für die Bastfaserindustrie, Bielefeld
Die Auswirkung des Schlichtens von Leinengarnketten auf den Verarbeitungswirkungsgrad sowie die Festigkeit und Dehnungsverhältnisse der Garne und Gewebe
1953, 48 Seiten, 1 Abb., 9 Tabellen, DM 9,—

HEFT 20
Techn.-Wissenschaftl. Büro für die Bastfaserindustrie, Bielefeld
Trocknung von Leinengarnen I
Vorgang und Einwirkung auf die Garnqualität
1953, 62 Seiten, 18 Abb., 5 Tabellen, DM 12,—

HEFT 21
Techn.-Wissenschaftl. Büro für die Bastfaserindustrie, Bielefeld
Trocknung von Leinengarnen II
Spulenanordnung und Luftführung beim Trocknen von Kreuzspulen
1953, 66 Seiten, 22 Abb., 9 Tabellen, DM 13,—

HEFT 22
Techn.-Wissenschaftl. Büro für die Bastfaserindustrie, Bielefeld
Die Reparaturanfälligkeit von Webstühlen
1953, 28 Seiten, 7 Abb., 5 Tabellen, DM 5,80

HEFT 26
Techn.-Wissenschaftl. Büro für die Bastfaserindustrie, Bielefeld
Vergleichende Untersuchungen zweier neuzeitlicher Ungleichmäßigkeitsprüfer für Bänder und Garne hinsichtlich ihrer Eignung für die Bastfaserspinnerei
1953, 64 Seiten, 30 Abb., DM 12,50

HEFT 29
Techn.-Wissenschaftl. Büro für die Bastfaserindustrie, Bielefeld
Die Ausnützung der Leinengarne in Geweben
1953, 100 Seiten, 14 Abb., 10 Tabellen, DM 17,80

HEFT 32
Techn.-Wissenschaftl. Büro für die Bastfaserindustrie, Bielefeld
Der Einfluß der Natriumchloridbleiche auf Qualität und Verwebbarkeit von Leinengarnen und die Eigenschaften der Leinengewebe unter besonderer Berücksichtigung des Einsatzes von Schützen- und Spulenwechselautomaten in der Leinenweberei
1953, 64 Seiten, 2 Abb., 12 Tabellen, DM 11,50

HEFT 34
Textilforschungsanstalt Krefeld
Quellungs- und Entquellungsvorgänge bei Faserstoffen
1953, 52 Seiten, 13 Abb., 13 Tabellen, DM 9,80

HEFT 35
Prof. Dr. W. Kast, Krefeld
Feinstrukturuntersuchungen an künstlichen Zellulosefasern verschiedener Herstellungsverfahren. Teil I: Der Orientierungszustand
1953, 74 Seiten, 30 Abb., 7 Tabellen, DM 13,80

HEFT 41
Techn.-Wissenschaftl. Büro für die Bastfaserindustrie, Bielefeld
Untersuchungsarbeiten zur Verbesserung des Leinenwebstuhles II
1953, 40 Seiten, 4 Abb., 5 Tabellen, DM 7,80

HEFT 63
Textilforschungsanstalt Krefeld
Neue Methoden zur Untersuchung der Wirkungsweise von Textilhilfsmitteln
Untersuchungen über Schlichtungs- und Entschlichtungsvorgänge
1954, 34 Seiten, 1 Abb., 5 Tabellen, DM 6,80

HEFT 64
Textilforschungsanstalt Krefeld
Die Kettenlängenverteilung von hochpolymeren Faserstoffen
Über die fraktionierte Fällung von Polyamiden
1954, 44 Seiten, 13 Abb., DM 8,60

HEFT 69
Wäschereiforschung Krefeld
Bestimmung des Faserabbaues bei Leinen unter besonderer Berücksichtigung der Leinengarnbleiche
1954, 48 Seiten, 15 Abb., 3 Tabellen, DM 9,60

HEFT 70
Wäschereiforschung Krefeld
Trocknen von Wäschestoffen. II. Kontakttrocknung: Untersuchungen über den Trockenvorgang und die Wäschebeanspruchung bei der Kontakttrocknung
1954, 42 Seiten, 18 Abb., 3 Tabellen, DM 10,—

HEFT 79
Techn.-Wissenschaftl. Büro für die Bastfaserindustrie, Bielefeld
Trocknung von Leinengarnen III
Spinnspulen- und Spinnkopstrocknung
Vorgang und Einwirkung auf die Garnqualität
1954, 74 Seiten, 18 Abb., 10 Tabellen, DM 14,—

HEFT 80
Techn.-Wissenschaftl. Büro für die Bastfaserindustrie, Bielefeld
Die Verarbeitung von Leinengarn auf Webstühlen mit und ohne Oberbau
1954, 30 Seiten, 2 Abb., 2 Tabellen, DM 6,—

HEFT 84
Dr. H. Baron, Düsseldorf
Über Standardisierung von Wundtextilien
1954, 32 Seiten, DM 6,40

HEFT 85
Textilforschungsanstalt Krefeld
Physikalische Untersuchungen an Fasern, Fäden, Garnen und Geweben:
Untersuchungen am Knickscheuergerät nach Weltzien
1954, 40 Seiten, 11 Abb., 8 Tabellen, DM 10,—

HEFT 92
Techn.-Wissenschaftl. Büro für die Bastfaserindustrie, Bielefeld und Institut für textile Meßtechnik, M.-Gladbach
Messungen von Vorgängen am Webstuhl
1954, 76 Seiten, 45 Abb., DM 15,50

HEFT 93
Prof. Dr. W. Kast, Krefeld
Spinnversuche zur Strukturerfassung künstlicher Zellulosefasern
1954, 82 Seiten, 39 Abb., 6 Tabellen, DM 16,—

HEFT 97
Ing. H. Stein, M.-Gladbach
Untersuchung der Verzugsvorgänge an den Streckwerken verschiedener Spinnereimaschinen
2. Bericht: Ermittlung der Haft-Gleiteigenschaften von Faserbändern und Vorgarnen
1955, 98 Seiten, 54 Abb., DM 21,—

HEFT 119
Dr.-Ing. O. Viertel, Krefeld
Wäscherei- und energietechnische Untersuchung einer Gemeinschafts-Waschanlage
1955, 50 Seiten, 18 Abb., DM 10,20

HEFT 159
Dr.-Ing. O. Viertel und O. Oldenroth, Krefeld
Das Bleichen von Weißwäsche mit Wasserstoffsuperoxyd bzw. Natriumhypochlorit beim maschinellen Waschen
1955, 54 Seiten, 23 Abb., 2 Tabellen, DM 11,45

HEFT 161
Prof. Dr. W. Weltzien und Dr. G. Hauschild, Krefeld
Über Silikone und ihre Anwendung in der Textilveredlung
1955, 162 Seiten, 22 Abb., 10 Tabellen, DM 27,—

HEFT 163
Dipl.-Ing. W. Rohs und Text.-Ing. H. Griese, Bielefeld
Untersuchungsarbeiten zur Verbesserung des Leinenwebstuhls III
1955, 80 Seiten, 15 Abb., 18 Tabellen, DM 15,80

HEFT 171
Wäschereiforschung Krefeld
Untersuchung der Wäscheentwässerung mit Hilfe von Zentrifugen und Pressen
1955, 42 Seiten, 16 Abb., 4 Tabellen, DM 9,70

HEFT 172
Dipl.-Ing. W. Rohs, Dr.-Ing. G. Satlow und Text.-Ing. G. Heller, Bielefeld
Trocknung von Hanfgarnen. Kreuzspultrocknung
1955, 60 Seiten, 7 Abb., 4 Tabellen, DM 10,30

HEFT 173
Prof. Dr. R. Hosemann und Dipl.-Phys. G. Schoknecht, Berlin, vorgelegt von Prof. Dr. W. Kast, Krefeld
Lichtoptische Herstellung und Diskussion der Faltungsquadrate parakristalliner Gitter
1956, 108 Seiten, 63 Abb., 6 Tabellen, DM 24,70

HEFT 185
Dipl.-Ing. W. Rohs und Text.-Ing. G. Heller, Bielefeld
Studien an einem neuzeitlichen Kreuzspultrockner für Bastfasergarne mit Wiederbefeuchtungszone
1955, 52 Seiten, 9 Abb., 3 Tabellen, DM 10,70

HEFT 196
Dipl.-Ing. W. Rohs und Text.-Ing. H. Griese, Bielefeld
Auswirkungen von Garnfehlern bei der Verarbeitung von Leinengarnen
1955, 24 Seiten, 3 Abb., 6 Tabellen, DM 7,80

HEFT 199
Textilforschungsanstalt Krefeld
Die Messung von Gewebetemperaturen mittels Temperaturstrahlung
1955, 50 Seiten, 12 Abb., DM 10,90

HEFT 226
Technisch-wissenschaftliches Büro für die Bastfaserindustrie, Bielefeld
Untersuchungen zur Verbesserung des Leinenwebstuhles IV
Die Wirkung verschiedener Kettbaumbremsen auf die Verwebung von Leinengarnen
1956, 64 Seiten, 9 Abb., 4 Tabellen, DM 13,50

HEFT 236
Dr.-Ing. O. Viertel und S. Lucas, Krefeld
Ergebnisse einer Hausfrauenbefragung über Wascheinrichtungen und Waschmethoden in städtischen Haushaltungen
1956, 34 Seiten, 4 Abb., DM 7,60

HEFT 238
Institut für textile Meßtechnik e. V., M.-Gladbach
Untersuchungen der Verzugsvorgänge an den Streckwerken verschiedener Spinnereimaschinen. 3. Bericht: Theoretische Betrachtungen über den Einfluß schlagender Zylinder und Druckrollen
1956, 66 Seiten, 21 Abb., DM 14,10

HEFT 260
Prof. Dr. W. Kast, Freiburg (Br.), Prof. Dr. A. H. Stuart und Dipl.-Phys. H. G. Fendler, Hannover
Lichtzerstreuungsmessungen an Lösungen hochpolymerer Stoffe
1956, 70 Seiten, 25 Abb., 5 Tabellen, DM 15,60

HEFT 261
Prof. Dr. W. Kast, Freiburg (Br.)
Feinstruktur-Untersuchungen an künstlichen Zellulosefasern verschiedener Herstellungsverfahren.
Teil II: Der Kristallisationszustand
1956, 80 Seiten, 27 Abb., 11 Tabellen, DM 17,20

HEFT 273
Fa. K. H. W. Tacke G.m.b.H., Wuppertal-Barmen
Erfahrungen beim Verspinnen von Perlonfasern und bei der Herstellung von Trikotagen aus gesponnenem Perlon
1956, 36 Seiten, DM 7,90

HEFT 292
Dipl.-Ing. W. Rohs und Text.-Ing. H. Griese, Bielefeld
Webversuche an Leinenwebstühlen mit verbesserter Schaftbewegung
1956, 34 Seiten, 3 Abb., 2 Tabellen, DM 7,60

HEFT 301
Prof. Dr. W. Weltzien, Dr. G. Cossmann und P. Diehl, Krefeld
Über die fraktionierte Fällung von Polyamiden (II)
1956, 54 Seiten, 1 Abb., 16 Tabellen, DM 11,30

HEFT 302
Prof. Dr.-Ing. W. Wegener und Dipl.-Ing. W. Zahn, Aachen
Untersuchungen von gesponnenen Garnen auf ihre Gleichmäßigkeit nach verschiedenen Meßmethoden
1957, 58 Seiten, 34 Abb., DM 15,20

HEFT 307
Privat-Doz. Dr. J. Juilfs, Krefeld
Vergleichende Untersuchungen zur elastischen und bleibenden Dehnung von Fasern
1956, 36 Seiten, 11 Abb., DM 8,30

HEFT 308
Privat.-Doz. Dr. J. Juilfs, Krefeld
Zur Messung der Fadenglätte
1956, 22 Seiten, 10 Abb., 2 Tabellen, DM 8,—

HEFT 338
Prof. Dr.-Ing. W. Wegener Aachen, und Dipl.-Ing. H. Schneider, M.-Gladbach
Die Bedeutung der Knotenart für die Herabminderung der Fadenbrüche
1957, 40 Seiten, 6 Abb., 17 Tabellen, DM 9,80

HEFT 339
Prof. Dr.-Ing. W. Wegener und Dipl.-Ing. W. Zahn, Aachen
Vergleich des normalen mit verschiedenen abgekürzten Baumwollspinnverfahren in bezug auf Gleichmäßigkeit und Sortierungsstreuung der Garne
1956, 56 Seiten, 17 Abb., 17 Tabellen, DM 12,70

HEFT 340
Dipl.-Ing. W. Rohs und Dipl.-Ing. R. Otto, Bielefeld
Das Naßspinnen von Bastfasergarnen mit Spinnbadzusätzen unter Ausnutzung einer zentralen Spinnwasserversorgungsanlage
1956, 56 Seiten, 2 Abb., 6 Tabellen, DM 11,60

HEFT 358
Prof. Dr. rer. nat. W. Weltzien, Dipl.-Chem. P. Ringel und Text.-Ing. H. Kirchhoff, Krefeld
Die Waschechtheit von Färbungen. Vergleichende Untersuchungen auf dem Gebiete der Echtheitsprüfung
1958, 26 Seiten, 12 Farbtafeln, DM 58,—

HEFT 378
Oberingenieur H. Stein, M.-Gladbach
Beobachtung und maßtechnische Erfassung der Vorgänge im Spinn- und Aufwindefeld von Ringspinn- und Ringzwirnmaschinen
1957, 104 Seiten, 88 Abb., 3 Tabellen, DM 26,90

HEFT 379
Institut für textile Meßtechnik, M.-Gladbach
Schußfadenspannung beim Weben
1957, 76 Seiten, 17 Abb., 47 Diagramme, 3 Tabellen, DM 18,60

HEFT 381
Priv.-Doz. Dr. habil. J. Juilfs, Krefeld
Zur Dichtebestimmung von Fasern. Methoden und Beispiele der praktischen Anwendung
1957, 76 Seiten, 34 Abb., 18 Tabellen, DM 17,—

HEFT 393
Dr.-Ing. O. Viertel und S. Brückner-Lucas, Krefeld
Arbeitszeitstudien an Haushaltwaschmaschinen
1957, 74 Seiten, 8 Abb., 13 Tabellen, DM 17,30

HEFT 397
Dipl.-Ing. W. Rohs und Dipl.-Ing. R. Otto, Bielefeld
Ungleichmäßigkeiten in Bändern von Bastfaserkarden, ihre Ursachen und Auswirkungen
1957, 60 Seiten, 18 Abb., 42 Diagramme, DM 14,80

HEFT 433
Dr.-Ing. G. Satlow, Aachen
Über einige physikalische und chemische Eigenschaften der Wolle von der gewaschenen Wolle bis zum Kammzug
1957, 72 Seiten, 15 Abb., 19 Tabellen, DM 15,25

HEFT 434
Dipl.-Ing. W. Rohs und Dr. I. Geurten, Bielefeld
Schlichten für Baumwollgarne
1957, 96 Seiten, 3 Abb., zahlreiche Tabellen, DM 23,70

HEFT 435
Dipl.-Ing. W. Rohs und Dipl.-Ing. L. Steinmetz, Bielefeld
Die Masseungleichmäßigkeit von Flachstreckenbändern in Abhängigkeit von Verzug und Dopplung
1957, 42 Seiten, 4 Abb., 2 Tabellen, DM 9,90

HEFT 436
Priv.-Doz. Dr. habil. J. Juilfs, Krefeld
Zur Bestimmung der Reißlast (Zugfestigkeit) von Fasern, Fäden und Garnen
in Vorbereitung

HEFT 442
Dipl.-Ing. W. Rohs, Text.-Ing. H. Griese und Text.-Ing. W. Lauer, Bielefeld
Die Auswirkungen der Trocknungsaft naßgesponnener Leinengarne auf deren Verarbeitungswirkungsgrad sowie auf die Festigkeits- und Dehnungseigenschaften der Garne und Gewebe
1957, 28 Seiten, 2 Abb., 3 Tabellen, DM 6,50

HEFT 452
Prof. Dr. rer. nat. W. Weltzien und Dr. phil. K. Windeck, Krefeld
Veränderungen an Fasern bei der Bleiche mit Natriumchlorid und über einige Vergilbungserscheinungen
1957, 64 Seiten, 3 Abb., 13 Tabellen, DM 14,85

HEFT 479
Prof. Dr.-Ing. W. Wegener, Aachen und Dipl.-Ing. H. Fourné, Bochum
Ursachen des Überschreitens der Toleranzgrenze nach oben oder unten (Meter pro Gramm) an der Strecke
1958, 60 Seiten, 17 Abb., 3 Tabellen, DM 14,60

HEFT 494
Dipl.-Ing. W. Rohs und Text.-Ing. H. Griese, Bielefeld
Entwicklung und Erprobung eines verbesserten elektrischen Kettfadenwächtergeschirrs für die Leinen- und Halbleinenweberei
1957, 56 Seiten, 9 Abb., 11 Tabellen, DM 13,—

HEFT 496
Dipl.-Chem. P. Vogel, Krefeld
Färberische Eigenschaften von zur Herstellung von Verdickungen in der Stoffdruckerei bestimmten Stoffen
1957, 38 Seiten, 3 Abb., 3 Tabellen, DM 9,30

HEFT 498
Prof. Dr.-Ing. H. Zahn und Dr. rer. nat. W. Gerstner, Aachen
Herstellung säurefester technischer Gewebe
1957, 40 Seiten, 8 Tabellen, DM 9,65

HEFT 499
Priv.-Doz. Dr. J. Juilfs, Krefeld
Die Bestimmung des Wasserrückhaltevermögens (bzw. des Quellwertes) von Fasern
1958, 42 Seiten, 8 Abb., 8 Tabellen, DM 10,35

HEFT 500
Priv.-Doz. Dr. habil. J. Juilfs, Krefeld
Vergleichende Untersuchungen am Schopper-Scheuerprüfgerät
1958, 60 Seiten, 34 Abb., verschied. Tabellen, DM 18,10

HEFT 501
Dipl.-Ing. W. Rohs und Dr. I. Geurten, Bielefeld
Untersuchungen in der Leinengarnbleiche
1958, 50 Seiten, 5 Abb., 5 Tabellen, DM 11,50

HEFT 587
Dipl.-Ing. H. Schmidt, Krefeld
Auswirkung der Strömungsverhältnisse in Trommelwaschmaschinen unter besonderer Berücksichtigung des Durchlaufspülens
1958, 20 Seiten, 8 Abb., DM 8,45

HEFT 609
Dipl.-Ing. W. Rohs und Dipl.-Ing. L. Steinmetz, Technisch-Wissenschaftliches Büro für die Bastfaserindustrie, Bielefeld
Verteilung der Bastfasern im Verzugsfeld einer Nadelstabstrecke
1958, 42 Seiten, 10 Abb., 2 Tabellen, DM 13,45

HEFT 614
Prof. Dr. W. Weltzien, Priv.-Dozent Dr. rer. nat. habil. J. Juilfs und Dr. rer. nat. W. Bubser, Krefeld
Die Textilforschungsanstalt Krefeld 1920—1958
Ein Bericht zur Einweihung ihres Neubaus Frankenring 2
1958, 78 Seiten, 11 Abb., 5 Baupläne, DM 23,80

HEFT 621
Techn.-Wissensch. Büro für die Bastfaserindustrie, Bielefeld
Untersuchungen zur Verbesserung des Leinenwebstuhles V
in Vorbereitung

HEFT 632
Prof. Dr.-Ing. W. Wegener, Aachen
Aufstellung und Vergleich von Variance-within- und Variance-between-Kurven von Garnen, die nach verschiedenen Spinnverfahren hergestellt werden
in Vorbereitung

HEFT 633
Prof. Dr.-Ing. W. Wegener und Dipl.-Ing. E. Haase-Deyerling, Aachen
Entwicklung und Bau eines vollautomatischen Faserlängenprüfgerätes (Stapelprüfer) auf kapazitiver Grundlage, Erprobungen dieses Gerätes und Vergleich mit den bislang üblichen Verfahren auf manueller Basis

HEFT 654
Obering. H. Stein und Text.-Ing. H. v. d. Weyden
Institut für Textile Meßtechnik, M.-Gladbach
Dipl.-Ing. Waldemar Rohs und Text.-Ing. H. Griese
Techn.-Wissenschaftl. Büro für die Bastfaserindustrie Bielefeld
Untersuchungen an Spulvorrichtungen in der Leinen- und Halbleinenweberei
1958, 98 Seiten, 29 Abb., DM 23,80

HEFT 674
Dipl.-Ing. W. Rohs, Bielefeld
Die Ausnutzung der Garnfestigkeit in Halbleinengeweben
1958, 60 Seiten, 6 Abb., DM 14,30

Volks- und betriebswirtschaftliche Untersuchungen auf dem Textilgebiet

HEFT 186
Dr. E. Wedekind, Krefeld
Untersuchungen zur Arbeitsbestgestaltung bei der Fertigstellung von Oberhemden in gewerblichen Wäschereien
1955, 124 Seiten, 28 Abb., 6 Tabellen, 2 Falttafeln, DM 12,—

HEFT 197
Dr. E. Wedekind, Krefeld
Untersuchungen zur Bestimmung der optimalen Arbeitsplatzgröße bei Mehrstuhlarbeit in der Weberei
1955, 92 Seiten, 34 Abb., DM 18,50

HEFT 222
Dr. L. Köllner, Münster und Dipl.-Volkswirt M. Kaiser, Bochum
Die internationale Wettbewerbsfähigkeit der westdeutschen Wollindustrie
1956, 214 Seiten, 5 Abb., DM 39,50

HEFT 323
Prof. Dr. R. Seyffert, Köln
Wege und Kosten der Distribution der Textilien, Schuh- und Lederwaren
1956, 98 Seiten, 37 Tabellen, 1 Falttafel, DM 12,—

HEFT 607
Dr. H. Schlachter, Münster
Die Wettbewerbslage der westdeutschen Juteindustrie
1958, 137 Seiten, 35 Tab., DM 32,—

HEFT 631
Dr. E. Wedekind, Krefeld
Der Einfluß der Automatisierung auf die Struktur der Maschinen und Arbeiterzeiten am mehrstelligen Arbeitsplatz in der Textilindustrie
1958, 86 Seiten, 34 Abb., DM 21,10

Ein Gesamtverzeichnis der Forschungsberichte, die folgende Gebiete umfassen, kann bei Bedarf vom Verlag angefordert werden:

Acetylen / Schweißtechnik – Arbeitspsychologie und -wissenschaft – Bau / Steine / Erden – Bergbau – Biologie – Chemie – Eisenverarbeitende Industrie – Elektrotechnik / Optik – Fahrzeugbau / Gasmotoren – Farbe / Papier / Photographie – Fertigung – Gaswirtschaft – Hüttenwesen / Werkstoffkunde – Luftfahrt / Flugwissenschaften – Maschinenbau – Medizin / Pharmakologie / Physiologie – NE-Metalle – Physik – Schall / Ultraschall – Schiffahrt – Textiltechnik / Faserforschung / Wäschereiforschung – Turbinen – Verkehr – Wirtschaftswissenschaften.

If you have any concerns about our products,
you can contact us on
ProductSafety@springernature.com

In case Publisher is established outside the EU,
the EU authorized representative is:
**Springer Nature Customer Service Center GmbH
Europaplatz 3, 69115 Heidelberg, Germany**

Printed by Libri Plureos GmbH
in Hamburg, Germany